Die Holzstoff-

oder

Holzschliff-Fabrikation.

Vom technischen sowie geschäftlichen Standpunkte aus unter Erwähnung der Berechnung der Herstellungskosten und der Wasserkräfte, Abwässer- und Fabrikationswasser-Reinigung

Mit 107 Illustrationen

von

Max Schubert

weil. Fabrikdirektor a. D. und Professor a. d. k. Techn. Hochschule zu Dresden.

Zweite, vermehrte und verbesserte Auflage

von TH. KNÖSEL

Chemiker und Zivilingenieur.

BERLIN W.

VERLAG VON M. KRAYN.

1909.

Vorwort des Verfassers.

Die Holzstoff-Fabrikation, von einem Manne erfunden, der dem Papierfach absolut fernstand, und in anfangs meist kleinen Betrieben ausgeübt, zunächst auch hauptsächlich von Leuten ohne eigentlich technische Kenntnisse, die nur mit praktischem Sinn und Unternehmungsgeist ausgerüstet waren, diese Holzstoff-Fabrikation bedurfte nach Ansicht von manchen wegen ihrer verhältnismäßigen Einfachheit vielleicht gar keiner neueren Ausgabe eines selbstständigen Werkes über dieselbe, da wichtige Aenderungen in der Herstellung des Fabrikates gegen früher mit einer einzigen Ausnahme kaum zu verzeichnen sind. Und doch ist diese Industrie so großartig gewachsen, es sind umfangreiche Werke in vollkommener Ausführung entstanden, deren maschineller Betrieb allein schon technischer Ueberwachung bedarf, und deren kaufmännische Verwaltung nicht so einfach wie bisher war. In der Neuzeit hat sich sogar der Umstand, daß Holzstoff zu allen Jahreszeiten dringend gebraucht wird, so lebhaft geltend gemacht, daß sehr große Schleifereien gebaut wurden, die man mit Dampf allein trieb, was man noch vor wenigen Jahren wegen der Kostspieligkeit für geradezu unmöglich hielt. Aus diesen Gründen wird das vorliegende Buch nicht überflüssig sein, um so weniger, als ich darin nicht nur die ja im allgemeinen schon meist bekannten Hülfsmaschinen beschrieben und abgebildet habe, sondern als wesentlichen Teil das Ganze vom Standpunkte des Fabrikleiters aus behandle. Es kommen dabei nicht nur die Herstellungskosten in Frage, sondern auch die unablässigen Untersuchungen, welche nötig sind, um je nach den lokalen Verhältnissen herauszufinden, welche Fabrikationsarten und etwaige Veränderungen dazu führen, um zu bestimmten Zeiten unter Berücksichtigung der jeweiligen Bedürfnisse die günstigsten Produktionsverhältnisse zu erlangen. Es dient also die Theorie nur der Praxis, und soll mit diesem Werkchen zugleich der Abschluß des Ganzen gegeben sein, welches die gesamte Papierfabrikation mit ihren verwandten Teilen umfaßt und in den Büchern „Die Praxis der Papierfabrikation" und die „Zellulosefabrikation" von mir bereits niedergelegt ist. Selbstverständlich wurden alle Neuerungen auf dem Gebiete der Holzstoff-Fabrikation bis auf die jüngste Zeit mit aufgenommen, wie aus dem Inhaltsverzeichnis ersichtlich.

Dresden, im Mai 1898.

Max Schubert.

Vorwort zur zweiten Auflage.

Herr Professor Max Schubert hat leider die Herausgabe seines Werkes nicht lange überlebt, und nachdem die 1. Auflage vergriffen war, übertrug die Verlagsbuchhandlung mir die Bearbeitung der 2. Auflage. Von einer Reihe von Spezialmaschinenfabriken ist mir bereitwilligst Material über ihre neuesten Maschinen zur Verfügung gestellt worden, und ebenso verdanke ich der freundlichen Unterstützung der Holzstoffzeitung in Dresden wertvolle Fingerzeige, welche bei der Bearbeitung der vorliegenden Auflage berücksichtigt werden konnten. Ich spreche allen meinen verbindlichsten Dank hierfür nochmals aus.

Um das Buch nicht zu umfangreich zu gestalten, konnte natürlich nicht jede neue Maschine von allen Spezialfabriken beschrieben werden, so z. B.: die vielen Zentrifugalsortierer mit stehender und liegender Welle, von denen man so zahlreiche verschiedene Konstruktionen baut. Diese sind natürlich mit eingefügt worden, aber die Auswahl über die verschiedenen Systeme muß jedem Schleiferei-Besitzer überlassen werden.

Dagegen wurde ein besonders wichtiges Kapitel neu hinzugenommen, nämlich das über den „Wert der Wasserkräfte", weil hierüber die meisten Wasserkraftbesitzer noch ganz im Unklaren sind; sie schätzen sie alle viel zu gering ein und wissen noch viel zu wenig, wie sehr sie dadurch den Dampfschleifereien gegenüber im Vorteil sind. Ausführliche Zahlen einer kleineren Handelsschleiferei, verbunden mit genauen Rentabilitätsberechnungen sollen den

Handelsschleifern lehren, ihre Selbstkosten richtig zu berechnen und danach auf solche Verkaufspreise zu halten, bei denen sie noch etwas wenigstens für ihre Mühe und Arbeit haben; sie haben immer noch niedrigere Herstellungskosten als die großen Dampfschleifereien in ihrer Nähe.

Möge daher diese neue Auflage den Freunden des Buches noch mehr nützen und ihm noch viel neue dazu gewinnen.

Neustadt (Westpr.), im September 1909.

Th. Knösel
Chemiker und Zivilingenieur.

Inhaltsverzeichnis.

Sachregister.

Die Holzstoff-Fabrikation.

Von dem schon vor zirka 70 Jahren fühlbar gewordenen Bedürfnis hervorgerufen, einen Ersatz für die bei dem wachsenden Papierkonsum immer knapper werdenden Lumpen zu erhalten, ist die Holzstoff-Fabrikation entstanden und hat sich bis heute zu einem selbständigen, kolossalen Industriezweige entwickelt, der weit davon entfernt ist, in der Art und Weise seiner anfänglichen, meist kleinen Betriebe fortzuarbeiten. Ursprünglich waren es einige Papierfabriken, welche sich als Nebenbetriebe kleine Holzschleifereien anlegten, um sich das neue Surrogat für den eigenen Gebrauch herzustellen; dann wurden kleinere selbständige Betriebe angelegt und ebenfalls kleinere Mahlmühlen zu Holzstoffabriken umgewandelt, da die Müllerei schlecht lohnte und man sich von der neuen Fabrikation großen Verdienst versprach. Schließlich suchte man große und allergrößte Wasserkräfte auf und legte große, mit den neuesten Einrichtungen versehene Schleifereien auf privatem Wege oder als Aktiengesellschaften an.

Selbstverständlich wurde schließlich die Gesamtproduktion an Holzstoff so bedeutend, daß derselbe nur schwer oder nur zu sehr niedrigem Preise abzusetzen war, so daß sich die teuren Anlagen nicht mehr rentierten. Die Folge davon war, daß die bessersituierten Schleifereien sich Papiermaschinen zulegten und den größten Teil ihres Fabrikates selbst zu Papier verarbeiteten, damit den Holzstoffmarkt von allzu großen Angeboten befreiend und dadurch die Preise hebend. Da die meisten der in großartigen Mengen verlangten Zeitungspapiere fast nur aus Holzstoff bestehen, so war diese Erweiterung der Holzschleifereien in Papierfabriken ohne allzu große Schwierigkeiten auszuführen, besonders da in der ebenfalls Ueberproduktion aufweisenden Zellulose-Fabrikation ein Mittel gegeben war, den zu den Holzpapieren notwendigen festen Zusatz in bequemer Form jederzeit käuflich zu erhalten. Dadurch wird diese Anlage von nur Zeitungspapier herstellenden Fabriken in der Tat sehr einfach, so daß sie wieder als Nebenbetrieb der Holzstoffabriken auftreten können.

Alle derartigen Veränderungen dienen aber doch nur dazu, die Hauptgruppe, die Papier-Fabrikation, auszubreiten und ihre Wichtigkeit und Unentbehrlichkeit in den zivilisierten Ländern zu erhöhen.

Obgleich die Holzstoff-Fabrikation im allgemeinen ziemlich einfach ist, so liegt es doch auf der Hand, daß die Leitung größerer Betriebe in technischer und kaufmännischer Beziehung gebildete und intelligente Personen verlangt und die so geführten Unternehmungen unbedingt ein Uebergewicht gegen minder gut geleitete erhalten müssen. Darum ist es nur richtig, die Holzstoff-Fabrikation auch von jenem Standpunkte aus einmal zu besprechen.

In meinem Buche: „Die Praxis der Papier-Fabrikation" habe ich schon auf Seite 12 der Entstehung der Holzstoff-Industrie durch ihren Erfinder F. G. Keller ausführlich gedacht und unterlasse deshalb, an dieser Stelle weitere Daten darüber zu bringen.

Nach dieser Einleitung kann ich nun die eigentliche Fabrikation, und zwar den Rohstoff, das Holz, zunächst vornehmen. Es kann da alles das zugrunde gelegt werden, was ich in meinem Buche: „Die Zellulose-Fabrikation" über das Holz gesagt habe; denn ebenso wie dort für die Zellulose gilt dasselbe auch für die Holzstoffbereitung. Für die Praxis kommen nur die Nadelhölzer und von diesen fast nur die Fichte in Frage, obgleich sich aus allen anderen Holzarten ebenfalls Holzstoff schleifen läßt. Meist haben aber die anderen Sorten einen höheren Wert, und andererseits haben z. B. die Laubhölzer viel geringere Faserlänge. Was die am weitesten verbreitete Kiefer anbelangt, die jetzt sogar an den meisten Orten noch billiger als die Fichte ist, so eignet sich dieselbe auch noch weniger zum Schleifen, da dieselbe zu harzig ist und der daraus gewonnene Holzstoff bei der späteren Verarbeitung auf der Papiermaschine zu sehr klebt, auch eine nicht so weiße Farbe besitzt als der Fichtenholzstoff. Wegen des größeren Harzgehaltes riecht auch der aus Kiefern gewonnene bedeutend stärker danach, so daß der Käufer schon durch den Geruch beurteilen kann, ob der empfangene Holzstoff aus Fichten- oder Kiefernholz gewonnen ist, oder eventuell einen größeren Prozentsatz von letzterem enthält. Außerdem ist zu berücksichtigen, daß Fichtenstoff ein viel festeres und härteres Papier gibt als Kiefernstoff und daher schon letzterer weniger geeignet zur Herstellung von Papier erscheint.

Das immer teurer werdende Fichtenholz zwingt allerdings mehr und mehr, auch Kiefernholz zu verschleifen, und sucht man sich da solches heraus, welches möglichst wenig Kern hat und im allgemeinen etwas lockerer gewachsen ist; dies gilt für weißen Holzstoff, während man zum braunen fast nur Kiefernholz verwendet, gleichviel, ob es viel oder wenig Kern hat, da es doch vorher gedämpft wird.

Vom Laubholz verwendet man in der Hauptsache etwas Aspenholz, namentlich weil es so weißen und in gewisser Weise auch etwas weichen Stoff gibt, der für manche Papiere besonders erwünscht ist.

Bei der großen Anzahl von Holz-Schleifereien in Deutschland, nämlich 530 Stück, welche täglich zirka 4500 Festm. Holz verarbeiten, sowie der 63 Zellstoffabriken, welche nahezu so viel, nämlich 3780 Festm., täglich verbrauchen, was zusammen 8280 Festm. ausmacht, liegt der Gedanke nahe, daß der ganze Holzbestand in kurzer Zeit bald erschöpft sein wird. Das ist aber glücklicherweise nicht der Fall. In Deutschland befindet sich der weitaus größte Teil der ganzen Forsten im Besitz der einzelnen Staaten, welche nicht nur eine ganz rationelle Forstwirtschaft betreiben, d. h. ebensoviel Holz neu anpflanzen, als abgeschlagen worden ist, sondern die meisten, davon besonders Preußen, pflanzen auch große, bisher öde daliegende Landstrecken mit Fichtenholz an.

Auskunft hierüber ist in meinem Buche: „Die Zellulose-Fabrikation“, 3. Auflage, von Seite 7 bis Seite 13, zu finden.

Das hier Gesagte galt vor etwa zehn Jahren also; seitdem haben sich nicht bloß die Schleifereien bedeutend vermehrt, sondern namentlich auch die Zellstoffabriken. Von ganz besonderem Einfluß sind hier die großen Dampfschleifereien, von denen schon solche bis zu 3000 PS. angelegt worden sind; es muß nun natürlich sich sowohl auf den Holzmärkten einerseits als andererseits auf den für Holzstoff sofort sehr fühlbar machen, wenn plötzlich ein neuer Abnehmer für 50 000 Festmeter Holz mehr erscheint und dafür 5000 Doppelladungen nassen Holzstoffs im Jahre frei werden und sich nach anderen Käufern umsehen müssen; die Holzpreise gehen rapid in die Höhe, und die für Holzstoff werden gedrückt. Auch an Zellstoffabriken sind in den letzten Jahren sehr viel neue hinzugekommen, und die bestehenden sind immer mehr vergrößert worden, und diese verarbeiten ja noch weit größere Mengen durchschnittlich als eine recht bedeutende Schleiferei schon.

Es wird deshalb auch für die deutschen Holzschleifereien und Zellstoffabriken die Beschaffung des erforderlichen Holzes schon immer schwieriger; sie müssen nicht bloß aus Oesterreich schon kaufen, sondern weit mehr noch aus den Ostseeländern Norwegen, Schweden, Rußland mit Finnland; ja schon vom Weißen Meer her werden bedeutende Mengen Holz von deutschen Zellstoffabriken auf dem Seewege bezogen.

Noch schlimmer sieht es in Nordamerika aus, wo man die früheren großen Waldungen für unerschöpflich hielt und sie aufs stärkste ausbeutete, ohne sich um irgendwelchen Nachwuchs für die Zukunft zu kümmern; dort hat der Verbrauch von Zeitungsdruckpapier in den letzten Jahren riesige Steigerung erfahren, also auch der Verbrauch von Holzstoff und Zellstoff. Wenngleich von diesen beiden Rohmaterialien große Mengen aus Skandinavien eingeführt werden, wohl auch schon aus Finnland mit, so ertönen gerade in der neuesten Zeit wahre Notschreie von da, daß man in kurzer Zeit mit den Holzbeständen aufgeräumt haben wird; und das Nachbarland Kanada will sich seine großen Vorräte daran auch nicht so ohne weiteres von den U. S. A. nehmen lassen und beabsichtigt, einen Ausfuhrzoll auf Holz einzuführen.

Nach Nr. 17 der Papierzeitung von 1908 entfielen im Jahre 1906 allerdings nur 4,3 % des in den Vereinigten

Staaten gewachsenen und zu gewerblichen Zwecken verbrauchten Holzes auf Papierholz, während große Mengen davon noch eingeführt worden sind; aber der Verbrauch ist noch weiter gestiegen und nimmt noch weiter zu, so daß die Beschaffung der erforderlichen Mengen immer schwieriger wird. Jedenfalls werden die Ostseeländer in immer größeren Mengen Holz- und Zellstoffe nach den Vereinigten Staaten und anderen Ländern von Amerika zu liefern bekommen.

Das zum Holzschleifen notwendige Rohmaterial wird nun entweder in ganzen Stämmen im Walde gekauft und so in die Fabrik befördert oder, wie es jetzt meist vorkommt, bereits im Walde in 1 m lange Stücke geschnitten, in Raummeter eingesetzt und als solche verkauft. Sehr oft aber wird der Bezahlung der Preis per Festmeter, das ist der Kubikmeter, zugrunde gelegt. Hierbei wird vom Verkäufer in der Regel angenommen, daß 1 Raummeter Holz = 0,7 Festmeter ist. Ich habe aber durch zahlreiche Versuche in der Praxis gefunden, daß man nur 0,65 dafür rechnen darf. Kommt das Holz in Stämmen in die Fabrik, so ist es zunächst mittels einer gewöhnlichen Kreis- oder einer sogenannten Blocksäge in einen halben Meter lange Stücke zu schneiden, in welcher Form die weitere Verarbeitung dann vor sich geht.

Die Konstruktion ist folgende: Ein Holzrahmen A, dessen Länge sich nach der Höhe des Lokales richtet, hat am oberen Ende zwei Zapfen, welche in zwei Hängelagern BB ruhen. Im unteren Ende des schwingenden Rahmens ist eine kurze Welle gelagert, auf welcher an der linken Seite das zirka 860 mm im Durchmesser habende Kreis-Sägeblatt sitzt, das durch Uebersetzung eine Geschwindigkeit von ungefähr 900 Umdrehungen pro Minute erhält. Vor und seitlich der Kreissäge befindet sich ein mit Gleitrollen versehenes Holzgestell, auf welches der Stamm gelegt und leicht vor das Sägeblatt geschoben werden kann. Mit der rechten Hand drückt der Arbeiter einen gezähnten Hebel auf den Stamm, um denselben festzuhalten, und mit der linken Hand zieht er durch einen Handgriff den Rahmen mit der rotierenden Säge gegen den Stamm, wodurch derselbe sehr schnell durchschnitten wird. Das eigene Gewicht bringt den Rahmen sofort wieder in die vertikale Lage, der zweite Arbeiter schiebt den Stamm wieder vor, und das Durchschneiden wiederholt sich. Hierbei bemerkt man an den Schnittflächen leicht, ob das Holz teilweise frisch oder teilweise kernfaul ist und beseitigt die schlechten

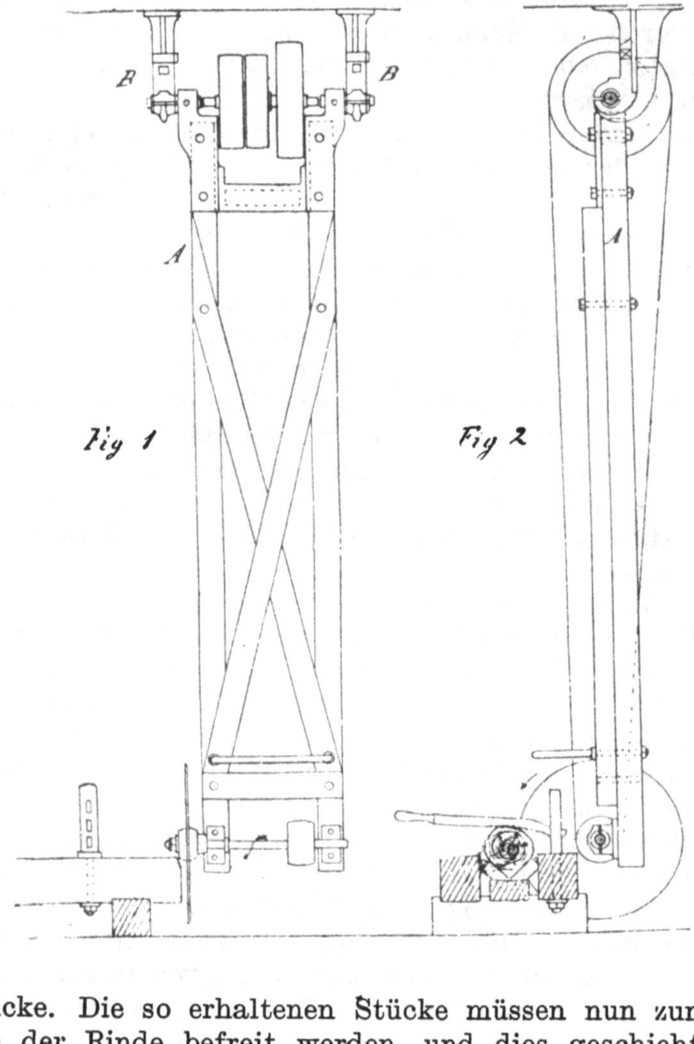

Stücke. Die so erhaltenen Stücke müssen nun zunächst von der Rinde befreit werden, und dies geschieht entweder nur mit der Hand auf einer Schnitzbank mit einem Schnitzmesser, oder auf einer Rindenschälmaschine. Im ersteren Falle unternimmt man das Schälen am besten noch am ganzen Stamm, ehe er zerschnitten wird, im anderen durch eine Rindenschälmaschine, wie sie in praktischer Konstruktion folgende Skizzen in Fig. 3, 4, 5 zeigen.

In einem gußeisernen Gestelle ist der Hauptteil, eine 830 mm im Durchmesser habende, auf einer vertikalen

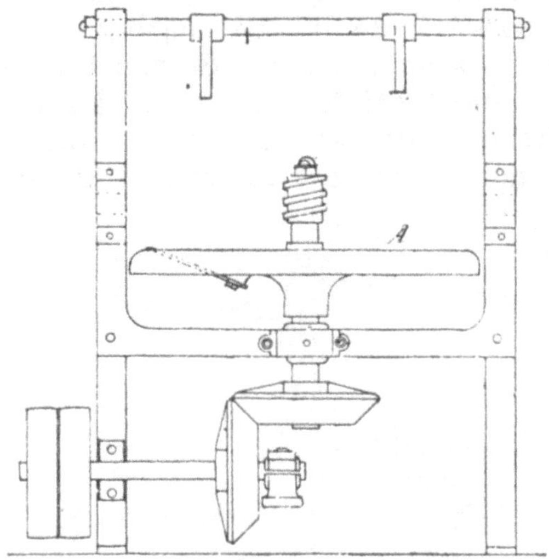

Fig. 3.

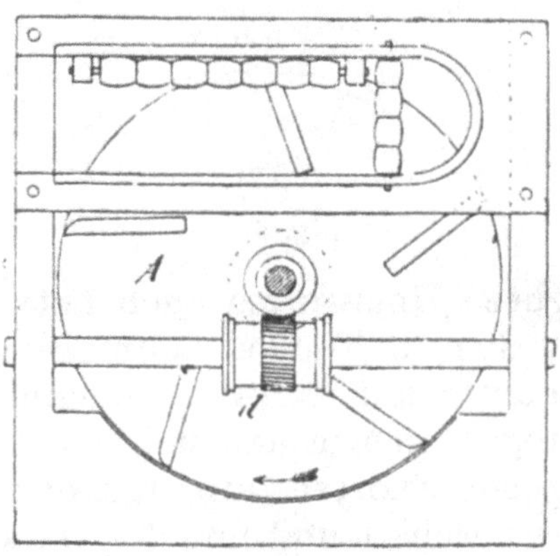

Fig. 4.

Welle sitzende und sich 330 mal in der Minute horizontal drehende Scheibe A gelagert. Diese Scheibe hat in der Nähe des Umfanges fünf Schlitze, wie in Fig. 4 ersichtlich, durch welche von unten schräg verstellbare Messer gesteckt werden, die nur einige Millimeter über der Scheibe hervorstehen und bei der schnellen Drehung derselben die Rinde des aufgelegten Klotzes c, der durch den Hebel b angedrückt wird, in langen Spähnen abschält. Da der Klotz außerdem noch durch eine gezähnte Welle d in Umdrehung versetzt wird, so erfolgt das Schälen gleichmäßig am ganzen Umfange. Wenn nun alle Klötze genau zylindrisch wären, so würde die Bearbeitung auf die beschriebene Weise genügen, da aber manche Stücke krumm sind und oft Auswüchse und Vertiefungen haben, es auch notwendig ist, daß nicht nur die braune Rinde, sondern auch der darunter liegende weiße Bast entfernt wird, so ist zur Ge-

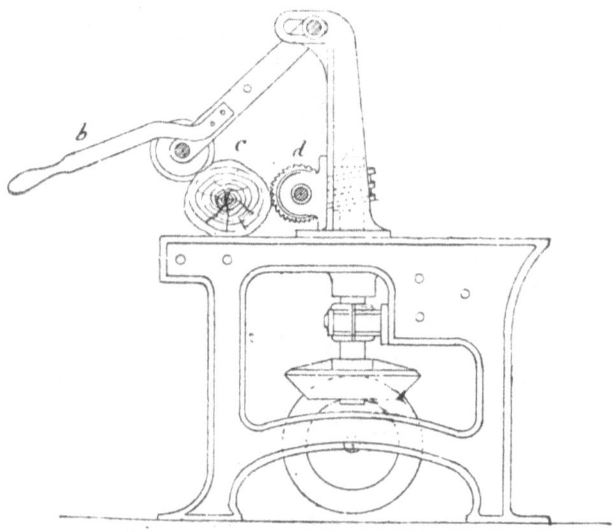

Fig. 5.

winnung eines guten Holzstoffes auch notwendig, daß ein Nachputzen mit dem Beil oder Schnitzmesser auf einer gewöhnlichen Schnitzbank erfolgt. Genaue Versuche des Verfassers mit abgewogenem und möglichst gleichstarkem Holze haben folgende Endresultate ergeben: Wird das Holz auf der Maschine geschält und mit der Hand nachgeputzt, kosten 10 Festm. ungefähr 5,5 Mark Arbeitslohn, während 10 Mark auszugeben sind, wenn es nur mit der Hand geschält wird. In letzterem Falle ist zwar der Schälverlust um 1,4 pCt. geringer, aber trotzdem empfiehlt es sich noch sehr, die Maschine zu benutzen, da dadurch viel Zeit und Geld erspart werden.

An Stelle der vorhin beschriebenen Schälmaschine kann auch eine sogenannte doppelte benutzt werden, auf der man gleichzeitig zwei Klötze bearbeiten kann, oder auch eine solche mit vertikal rotierender Scheibe.

Man hat sogar neuerdings Schälmaschinen, auf denen man Langholz schälen kann; doch haben diese mehr Interesse für die Zellstoff- als für die Holzstoffabrikation, da man für diese doch unter allen Umständen nicht bloß die Stämme, sondern auch sogar die kurzen Rollen von

Fig. 6.

nur 1 Meter Länge zerschneiden muß, um sie in die Kästen der Schleifapparate einlegen zu können.

Selbst automatische Rindenschälmaschinen baut man jetzt schon, auf denen man Hölzer bis zu 1000 mm Länge und 400 mm Durchmesser etwa schälen kann. Die Eisengießerei und Maschinenfabrik Akt.-Ges. in Bautzen z. B., welche ebenfalls vollständige, der Neuzeit entsprechende Schleifereieinrichtungen liefert, hat eine solche automatische Rindenschälmaschine konstruiert, bei welcher das Holz auf Zackenrollen gelegt wird, welche durch Riemenscheiben, Ketten- und Winkelräder angetrieben werden und so das Holz in eine drehende Bewegung versetzen, während es mittels eines Handhebels und von Gewichten an die

Messerscheibe angepreßt wird. Die Entrindung erfolgt nun selbsttätig und kann durch den Handhebel beliebig reguliert und unterbrochen werden.

Die Maschine hat zwei senkrecht rotierende Messerscheiben mit je 5 geraden Messern; sie wird in 2 Größen gebaut, mit Messerscheiben von 1285 und 1450 mm Durchmesser, und schält in der Stunde 10—12 Raummeter Holz.

Die beim Schälen abfallenden Späne werden vielfach allein oder zusammen mit Kohlen verfeuert und zum

Fig. 7.

Heizen von Dampfkesseln, Trockenkammern und Kanälen usw. benutzt; sie sind nun sehr sperrig und deswegen schwer geeignet zum Beschicken der Feuerungen. Deshalb hat dieselbe Fabrik auch eine Schneidemaschine für diese Schälspäne konstruiert nach Art der Häckselmaschinen, auf welcher die Späne in etwa 20 mm lange Stücke zerschnitten werden, welche sich nun gut allein oder zusammen mit Kohlen verfeuern lassen; man kann damit in einer Stunde die Späne von 8—10 Raummeter Holz schneiden.

Vor einer Reihe von Jahren hat Leopold Wertheim, Inhaber der Speeler Holzschleiferei und Lederpappenfabrik bei Kassel, eine Trommel zum Entrinden des Schleifholzes konstruiert und sich patentieren lassen, welche das Schälen sorgfältig und doch sparsamer bewirken soll als die bisher gebräuchlichen Einrichtungen dies tun. Nach der P. Z. 1897 besteht diese große Trommel aus U förmigen Eisenstäben und wird durch Riemenscheibe und Zahnräder angetrieben. Die Oeffnungen der U förmigen Rinnen gehen nach dem Innern der Trommel, welch letztere in einen Kasten eintaucht, und über welcher ein Wasserrohr über die ganze Breite Wasserstrahlen sendet. Durch eine Tür im Umfang werden die zu schälenden Holzstücke hineingegeben; sie werden bei der Drehung von den eisernen Rinnen wiederholt erfaßt, mit herumgenommen, und dadurch wird nach und nach die feuchte Rinde abgeschabt, die dann durch die zwischen den einzelnen Rinnen befindlichen Schlitze hindurchfällt und durch das Wasser vom Boden fortgespült wird, nachdem eine Abstreifschiene sie seitwärts geschoben hat. Nach einiger Zeit nimmt man die Klötze heraus und entfernt etwa darauf gebliebene Rindenteilchen mittels rotierender Bürsten. Mit dieser Trommel wird das Holz vollständig von Rinde befreit, ohne daß Holz verloren geht. Die Trommel leistet bei etwa 5 Rm. Füllung 20 Rm. in 10 Stunden, arbeitet also jedesmal 2½ Stunden hintereinander, ehe das Holz fertig geschält ist. Zur Bedienung sind nur zwei Jungen erforderlich. Das Patent ist inzwischen erloschen und die Trommel wird von mehreren Fabriken ausgeführt.

Diese Art und Weise der Entrindung ist namentlich dann zu empfehlen und auch im Gebrauch, wenn es sich um Hölzer handelt, welche zuvor gedämpft wurden, um dann auf Braunholzschliff verarbeitet zu werden; infolge des Dämpfens geht dann die Entrindung weit leichter und vollständiger vor sich.

Da nun die weitere Zerkleinerung nur ein mechanisches Abschleifen durch einen großen Schleifstein ist, so werden hierbei selbstverständlich auch die vielen Aeste mit abgeschliffen, wodurch infolge der vielen kleinen, braunen Astteile eine bedeutende Verunreinigung des Holzstoffes entsteht. Für einigermaßen höhere Ansprüche müssen deshalb wenigstens die größeren Aeste vor dem Schleifen aus den Holzstücken entfernt werden. Dies geschieht am besten durch Ausbohren, wodurch wenigstens der Hauptteil der schädlichen Aeste entfernt werden kann, ohne wesentlichen Holzverlust herbeizuführen. Oft geschieht dieses Ausbohren auf mit einem Tisch versehenen Bohrmaschinen, auf welchen durch Hebel mittels des Fußes der Bohrer auf den Klotz hinabgedrückt werden kann, nachdem der Ast gerade unter den Bohrer in die richtige Lage gelegt worden ist. Die Bohrer selbst haben dann

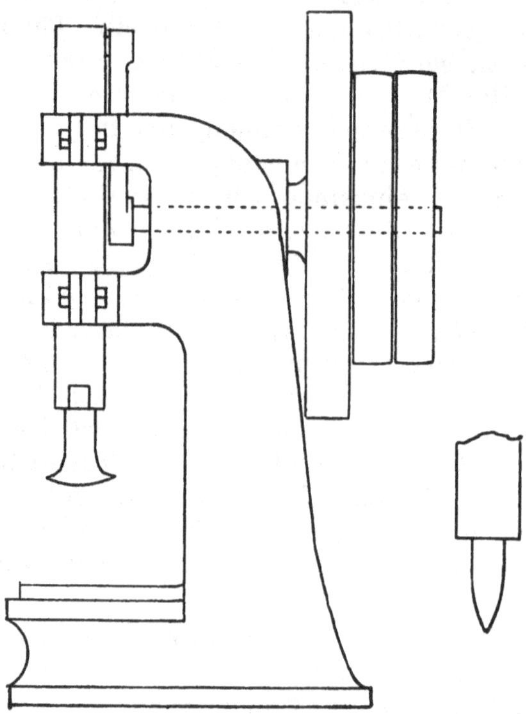

Fig. 8.

oft die Form eines Zentrumsbohrers oder eine andere passende Gestalt. Doch ist in diesem Falle der Widerstand beim Bohren so groß, daß der Arbeiter den auf dem Tische liegenden runden Holzklotz nur sehr schwer halten kann; ein besonderes Einspannen des Klotzes ist nicht möglich, da oft in einem Klotz 5 bis 10 nach den verschiedensten Richtungen liegende Aeste auszubohren sind und dadurch viel zu viel Zeit verloren gehen würde. Man hat deshalb diese Bohrmaschinen oft wieder außer Tätigkeit gesetzt. Ich habe in meiner Praxis dasselbe getan, dafür aber einen in verschiedenen Größen vorhandenen Bohrer benutzt, der genau die Gestalt von gewöhnlichen Nagelbohrern besitzt. Dieser Bohrer, mit vierkantigem Kopf versehen, wurde in das hervorstehende Ende einer schnellgehenden Welle, also z. B. einer Kreissägen-Welle, gesteckt, also in horizontaler Richtung benutzt. Nachdem dem Arbeiter auf seinen rechten Oberschenkel eine blecherne Schutzplatte geschnallt war, konnte er ohne jede Gefahr den Klotz mit beiden Händen fassen, ihn durch veränderte Stellung, d. h. Aufstellung, in jede beliebige, der Astrichtung entsprechende Lage bringen und mit dem Oberschenkel den gerade notwendigen leichten oder schwereren Druck auf den Bohrer ausüben. Dadurch erfolgte das Ausbohren der Aeste schneller und auch richtiger, sowie auch mit weniger Kraftanstrengung, so daß der Zweck der ganzen Arbeit vollkommen erreicht wurde.

Besonders bei regelmäßiger oder teilweiser Verarbeitung von starken Hölzern macht sich noch eine Spaltmaschine notwendig, da die eisernen Kästen, in welche die Klötze beim Schleifen eingelegt werden, Hölzer über ein gewisses Stärkemaß nicht aufnehmen können. Die Maschine wird in der Regel dicht neben die Bohrmaschine gestellt, so daß gleich von da aus das Spalten erfolgen kann, natürlich nur wenn es notwendig ist, da man dünne Hölzer nicht zu spalten braucht.

Die vorstehende Skizze, Fig. 8, zeigt eine solche Spaltmaschine und den auswechselbaren Spaltkeil, der durch eine Kurbel langsam auf und nieder geführt wird, so daß das Holz mit der Hand bequem darunter gestellt werden kann. Zeigen sich nach dem Spalten noch Aeste, so können diese mit dem Beil noch entfernt werden, ebenso wie etwa rotfaules Holz, wovon zunächst der Kern ergriffen wird.

Bei gut eingerichteten Holzschleifereien wird nun das auf die erwähnte Art vorbereitete Holz mittels einer kleinen Eisenbahn in die unmittelbare Nähe der Schleifer oder Defibreurs gebracht und dort aufgeschichtet, um je nach Bedarf zur Hand zu sein. Abgesehen von den ganz alten Konstruktionen der Defibreure kommen bei der nachfolgenden Beschreibung der Schleifer hauptsächlich 2 Sorten, die älteren Ketten- oder Gewichtsschleifer, sowie die neuen hydraulischen Schleifer in Frage.

Der Hauptteil jeden Defibreurs ist der in der Regel 1,4 m im Durchmesser haltende und 550 mm breite Schleif-

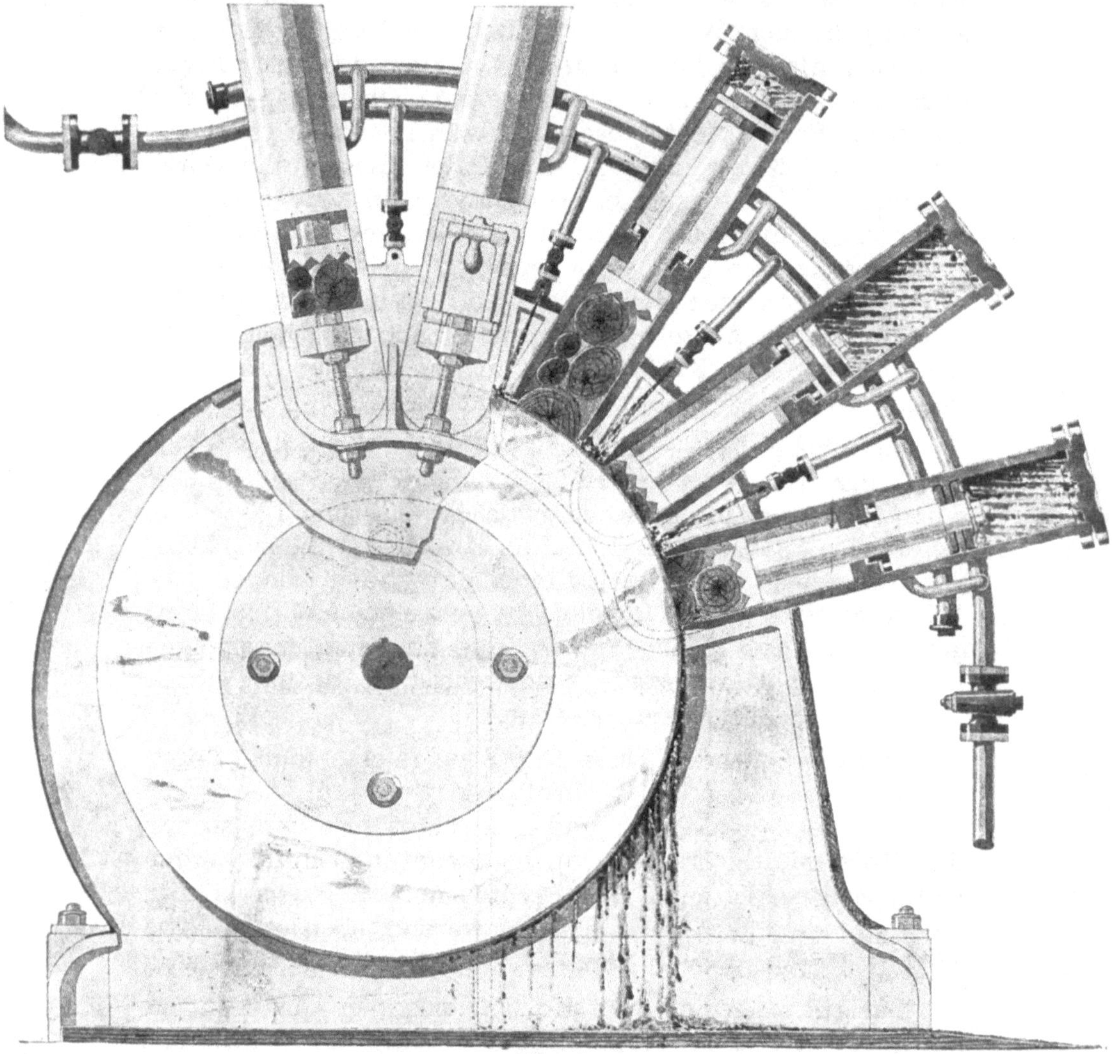

Fig. 9.

stein aus gleichmäßigem, nicht zu feinem Sandstein, der, auf einer horizontalen Welle sitzend, durch eine 400 mm breite Riemenscheibe von 1880 mm Durchmesser circa 160 Umdrehungen pro Minute erhält, so daß seine Umfangsgeschwindigkeit ungefähr 700 m pro Minute beträgt. Dies kann allgemein als die richtige Arbeitsgeschwindigkeit an-

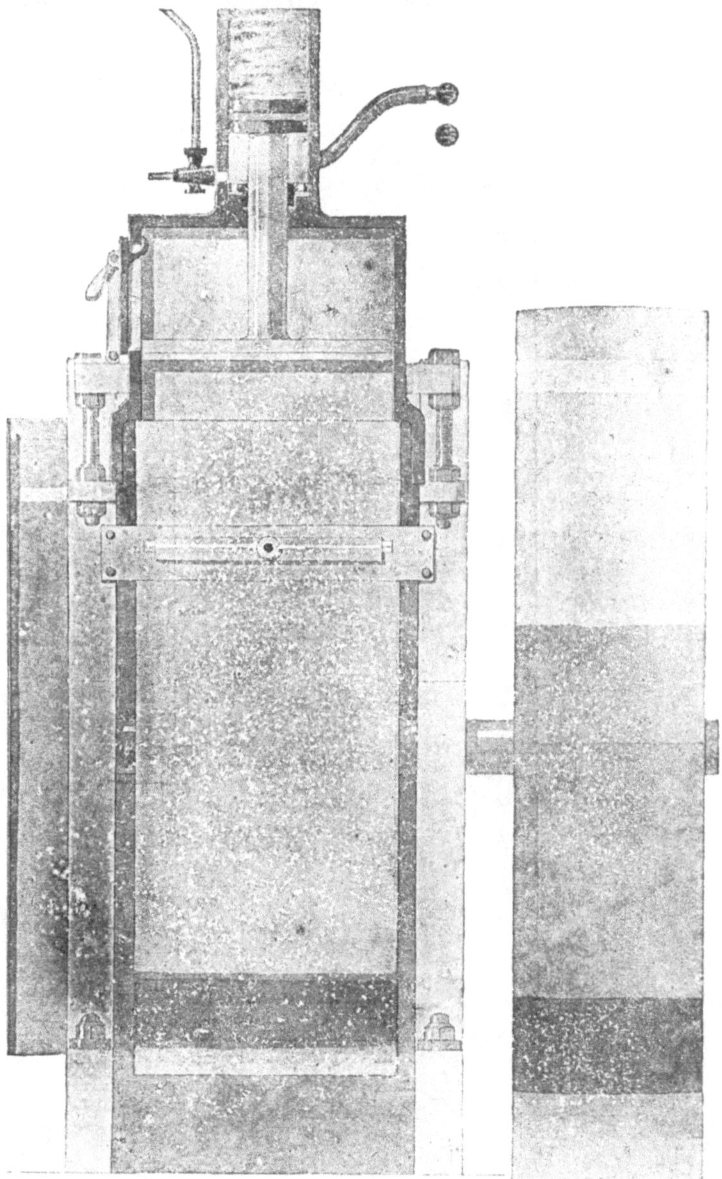

Fig. 10.

genommen werden, so daß also für kleinere Steindurchmesser entsprechend größere Umdrehungszahl einzuführen wäre. Die Figg. 9, 10, 11 zeigen in teilweisem Längsdurchschnitt, Grundriß und Querschnitt die nähere Einrichtung der jetzt zunächst zu erklärenden **hydraulischen** oder **Wasser-**

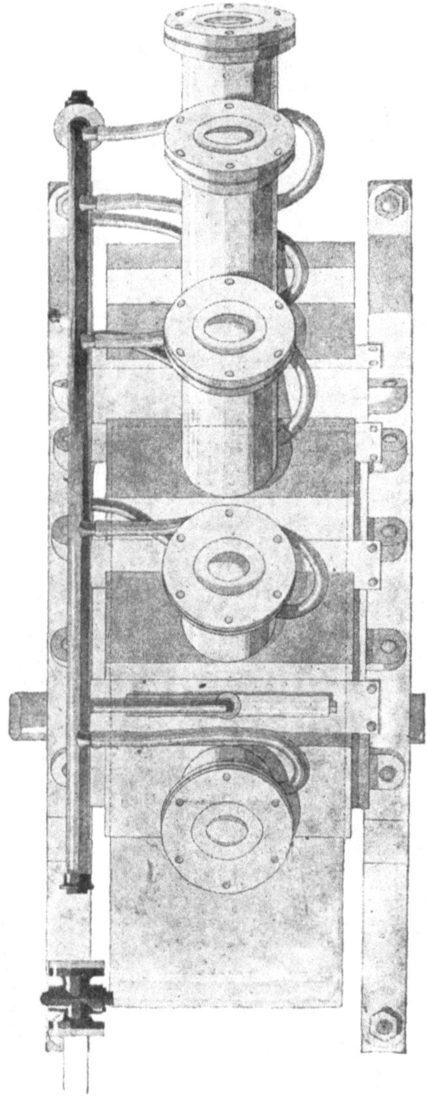

Fig. 11.

schleifer. Die feste Verbindung zwischen Stein und Welle ist durch zwei große gußeiserne Scheiben von 800 mm Durchmesser ermöglicht, welche in die Stirnseiten des

Steines eingelassen und durch vier starke Schrauben miteinander verbunden sind; durch zwei starke Keile erfolgt die Befestigung auf der Welle, die in dem entsprechend geformten und auf der Zeichnung teilweise sichtbaren Gestell gelagert ist. Auf diesem Gestell sitzen nun dicht über dem Stein, und gegen denselben durch Schrauben verstellbar, 5 einzelne gußeiserne Preßkästen, die ungefähr ein Drittel des Steinumfanges bedecken. Durch seitwärts zu öffnende Türen erfolgt das Einlegen der zu schleifenden Holzklötze, welche durch eine im Innern befindliche, unten geriefte oder mit Spitzen versehene Preßplatte gegen den Steinumfang in radialer Richtung angepreßt und dadurch abgeschliffen werden. Diese Anpressung erfolgt nun in diesem Falle, wie schon der Name sagt, durch Wasserdruck. Direkt verbunden ist nämlich unmittelbar über den Schleifkästen ein Zylinder, in welchem sich ein durch Ledermanschetten abgedichteter Kolben auf und ab bewegen kann, dessen Stange mit der Preßplatte in Verbindung steht und diese entweder nach unten oder oben drückt, je nachdem das unter Druck stehende Wasser durch einen kleinen Hahn entweder über oder unter dem Kolben in den Zylinder geführt wird. Diese Konstruktion ist aus dem Durchschnitt Fig. 9 deutlich zu ersehen. Das Wasserrohr für den Pressenbetrieb ist seitwärts dem Gestell bogenförmig angeordnet, und einzelne Stutzen führen durch Gummischläuche oder Kupferrohre nach dem Verteilungshahn jeder einzelnen Presse. Auf gleiche Weise wird das gebrauchte Wasser wieder abgeführt, wenn der Kolben respektive die Preßplatte die entgegengesetzte Bewegung zu machen hat. In dem keilförmigen Hohlraum zwischen jeder einzelnen Presse mündet ein Spritzrohr, welches über die ganze Breite des Steines hinweggeht und in verschiedenen Strahlen fortgesetzt Wasser auf den Stein spritzt, welches denselben sowie das zu schleifende Holz feucht erhält und die abgeschliffenen Fasern vom Umfang des Steines fortwährend abspült. Der äußere eiserne oder hölzerne Kasten, welcher den ganzen Stein an den Seitenwänden, sowie am Umfang umgiebt und so jedes Herausspritzen von Stoff verhindert, ist auch am Boden geschlossen, von wo dann der abgeschliffene Stoff an der Vorderseite abgeleitet wird.

Wie erwähnt, findet der Betrieb der Schleifpressen durch Wasser statt, welches fortgesetzt gleichmäßig unter einem bestimmten Drucke steht.

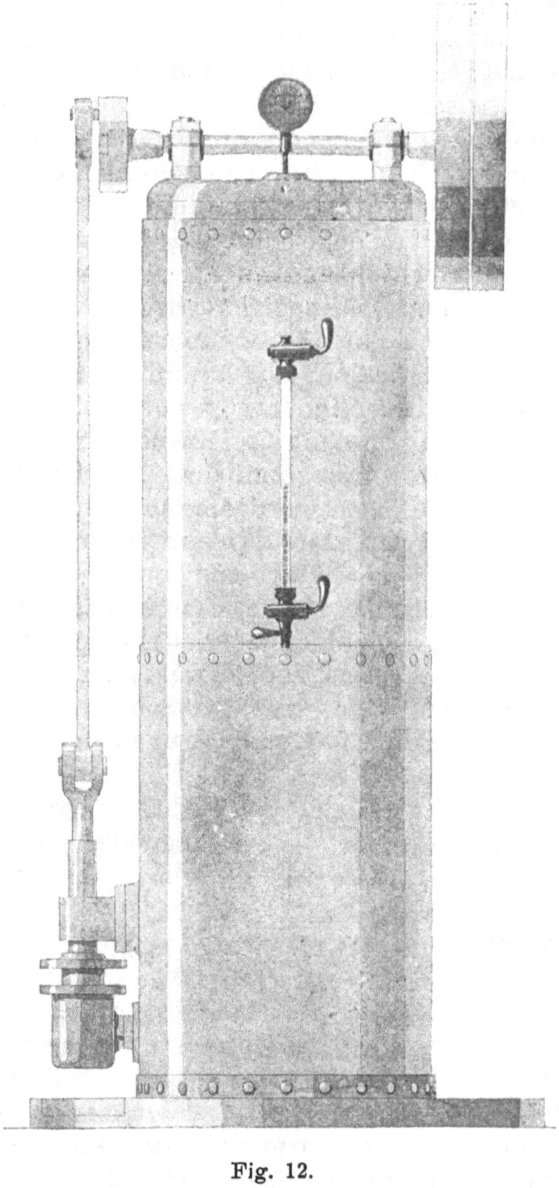

Fig. 12.

Damit der auf die Pressen ausgeübte Wasserdruck möglichst gleichmäßig wirkt, bedient man sich eines sogenannten **Akkumulators**, Anhäufers, Ansammlers von Druck. Es ist dies in der Hauptsache ein 2 m hoher Zylinder aus entsprechend starkem Eisenblech, von 600 mm Durchmesser, der mit einem Manometer und einem 550 mm langen Wasserstandsglas versehen ist. Auf ihm ist eine kurze Welle montiert, welche durch eine Riemenscheibe angetrieben wird, so daß sie 70 Umdrehungen pro Minute macht, und welche eine kleine Pumpe in Bewegung setzt. Dieselbe saugt aus einem Bassin Wasser und pumpt dieses

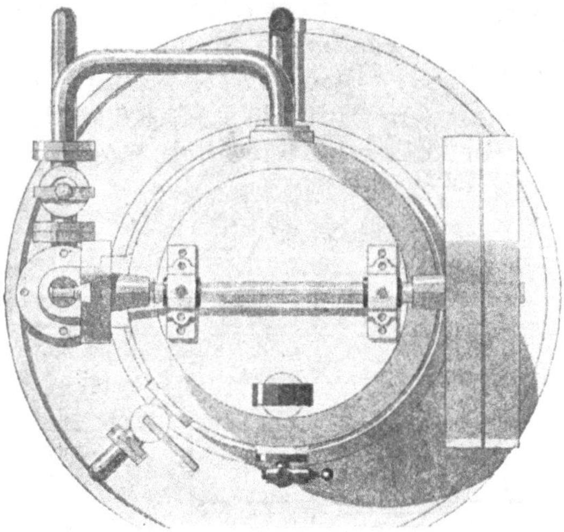

Fig. 13.

in den Zylinder hinein, bis die darin befindliche Luft im oberen Teil zusammengedrückt wird, so gewissermaßen ein elastisches Kissen bildend und bis im Innern ein Druck von 2,5 bis 3 Atmosphären entsteht, den man durch den Manometer ablesen kann. Das an der Pumpe befindliche Ventil kann durch beliebig aufzulegende Gewichte so belastet werden, daß der Druck den gerade gewünschten Grad erreicht. Ein Sicherheitsventil am Akkumulator schützt denselben vor Ueberschreitung dieses Druckes, indem es selbsttätig einen Teil des Wassers abläßt. Das lange Wasserstandsglas gestattet, den Stand des Wassers im Innern zu kontrollieren. Je nachdem zu wenig oder zu viel darinnen ist, öffnet man nur den oberen oder den unteren Hahn. Durch das Druckrohr wird nun das unter

Druck befindliche Wasser leicht an jeden beliebigen Punkt hingeführt und auf die verschiedenen Pressen verteilt.

Ein in den erwähnten Dimensionen ausgeführter Akkumulator reicht bequem für 15 bis 20 Schleiferpressen aus, seine Leistungsfähigkeit kann aber durch Vergrößerung der Geschwindigkeit beliebig ausgedehnt werden.

Bei den eben erwähnten Schleifern, sowie bei den Preßkästen der Schleifer überhaupt, kann infolge der Drehung des Schleifsteins und des Druckes der Preßplatte das in den Kästen liegende Holz gegen eine Seitenwand des Preßkastens gedrückt werden, was natürlich starke Reibung und einen Kraftverlust bedeutet. Dagegen hat nach der P. Z. 1897, Seite 1592, Eduard F. Millard in Jakson, Michigan, ein einfaches Mittel dadurch gegeben, daß er an der betreffenden vorderen Preßkastenwand, die

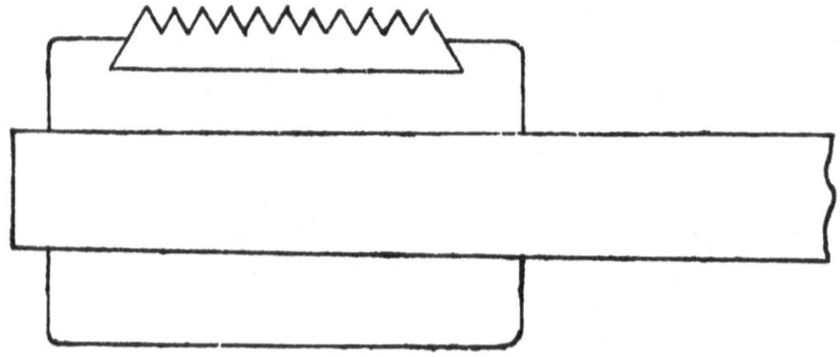

Fig. 14.

dem Druck am meisten ausgesetzt ist, zwei sich drehende Walzen anwendete, die nur etwas vor der Wandfläche hervorzustehen brauchen. Wenn, wie dies bei uns meist geschieht, mehrere Klötze in einem Kasten liegen, so ist es noch besser, an Stelle der glatten Walzen sich drehende Schraubenspindeln anzuwenden, welche durch Schneckenräder angetrieben werden.

Es ist selbstverständlich notwendig daß die schweren und sich so schnell drehenden Steine des Defibreurs vor der Ingebrauchnahme ganz genau konzentrisch abgerichtet und sodann auch noch geschärft werden. Dieses noch oft zu wiederholende Schärfen führt man meist durch sogenannte S c h ä r f h ä m m e r aus, welche auf zweierlei Art ausgeführt sein können. Sehr bequem ist die in Fig. 14

und 15 dargestellte Einrichtung, wo a der am Stiel c befestigte Hammerkörper ist, in welchen schwalbenschwanzförmig die aus Gußstahl hergestellte und billig erhältliche Schärfplatte b eingeschoben wird, die mit dicht aneinander stehenden kleinen scharfen Spitzen besetzt ist. Mit dieser Fläche schlägt man nun nicht zu scharf, aber möglichst gleichmäßig auf den Steinumfang und erhält so eine gleich-

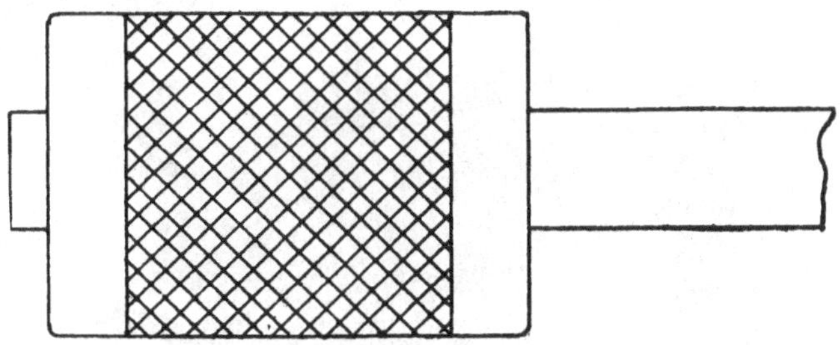

Fig. 15.

mäßig gekörnte Oberfläche, die für das Abschleifen von Holzfasern sich erfahrungsgemäß als vorzüglich erwiesen hat.

Denselben Effekt macht ein Schärfhammer, der aus verschiedenen Stahlplatten zusammengesetzt ist, welche die aus Fig. 16 ersichtliche Form haben.

An beiden Enden befinden sich längere Spitzen, welche, nachdem sie frisch geschärft worden sind, wieder

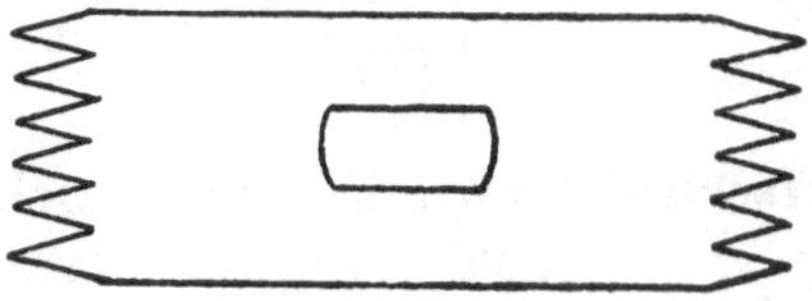

Fig. 16.

gehärtet werden. In der Mitte befindet sich ein Loch, durch welches der allen Platten gemeinschaftliche eiserne Stiel gesteckt wird, der am Ende eine Schraube mit Mutter trägt und wodurch die aufgesteckten 10 oder mehr Schärfplatten zu einem festen Ganzen zusammengepreßt werden können.

Durch das Schleifen werden die Steine bald mehr oder weniger glatt und müssen wieder rauh gemacht werden.

Besonders bei knapper Kraft ist dies öfter als sonst notwendig, wenigstens jeden Tag einmal. Man benutzt dazu in der Regel die Zeit, während der das ganze Werk gründlich geschmiert wird. Man öffnet in der Haube eine Tür und bearbeitet mit dem Schärfhammer die Schleiffläche möglichst gleichmäßig, den Stein ruckweise langsam umdrehend.

Fig. 17.

Die **Gewichtsschleifer** unterscheiden sich nun von den hydraulischen nur dadurch, daß die entsprechende Kraft, welche das Holz gegen den Stein drückt, nicht zusammengepreßtes Wasser ist, sondern eiserne Gewichte, welche an Ketten oder Drahtseilen hängen und mittels Rädern ihre Schwerkraft auf Zahnstangen übertragen, welche die eigentlichen Preßplatten dem Steine entgegenführen. Die Arbeit des Anpressens an den Stein ist dieselbe; ebenso kann diese Kraft erhöht und vermindert werden, wenn man die Gewichte aus auflegbaren und abnehmbaren eisernen Platten herstellt. Die Gewichtsbelastung jeder einzelnen Presse variiert zwischen 25 und

30 Kilo und kann natürlich nur so weit fortgesetzt werden, als es die Stärke der Ketten oder Seile erlauben. Bei den hydraulischen Schleifern kann der Druck leichter gesteigert oder verringert werden; doch wird sich bei jeder einzelnen Anlage ebenfalls der günstigste Arbeitsdruck herausprobieren lassen, der von dem jeweiligen höheren oder tieferen Wasserstand abhängt. Viel über 3 Atmosphären Druck habe ich zum Schleifen nicht verwendet, wohl aber 2½ Atmosphären, wenn die allgemeine Betriebskraft knapp

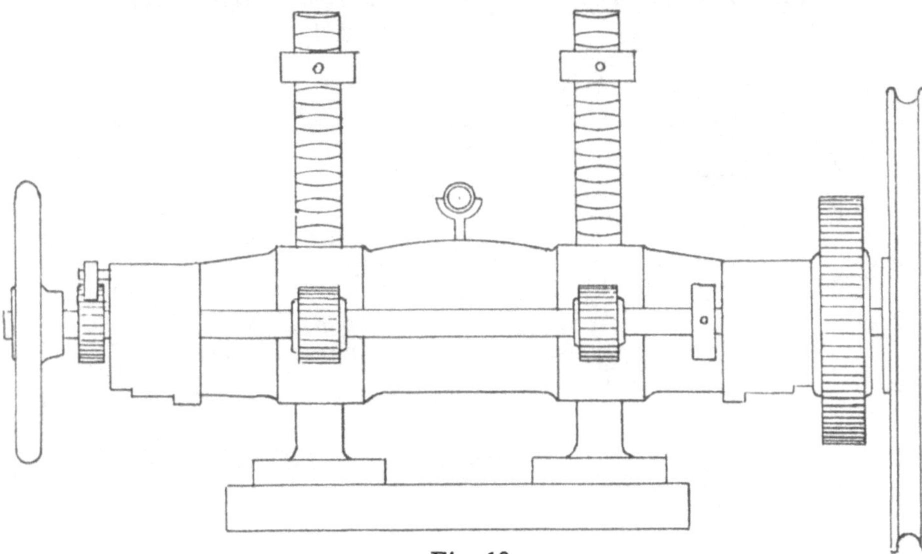

Fig. 18.

ist. Geht die Kraft noch weiter zurück, so empfiehlt es sich, lieber mit weniger Schleifern zu arbeiten, als mit einem Druck, der weniger als 2½ Atmosphären beträgt.

Bei der immer größer werdenden Konkurrenz, sowie den sinkenden Preisen, ist es die Hauptaufgabe eines Direktors, immer darauf zu sehen, daß mit den gegebenen Hilfsmitteln und der jeweilig zur Verfügung stehenden Kraft stets möglichst viel Stoff fertig geschliffen wird. Dies kann erreicht werden, wenn immer auf richtige Schärfung der Steine Obacht gegeben wird und man den richtigen Druck, sowie genügende Geschwindigkeit der Umdrehung der Steine anwendet.

Die **Arbeit des Schleifens** selbst erfolgt nun dadurch, daß man die teils runden, teils gespaltenen Scheite zunächst bei gehobener Presse in die Schleifkästen von seitwärts einlegt, durch das Spritzrohr Wasser auf den Stein aufläßt und die Presse wirken läßt; der Druck dadurch ist so stark, daß die, wenn auch runden Scheite, selten durch die rotierende Bewegung des Steines selbst in Bewegung gesetzt werden, sondern sich sehr schnell eine Fläche anschleift, die eine weitere Drehung unmöglich macht. Nach und nach füllt der Arbeiter alle Kästen von 2 oder 3 Schleifern, welche er zu bedienen hat, und sobald eine Presse bis nahezu auf den Stein niedergegangen

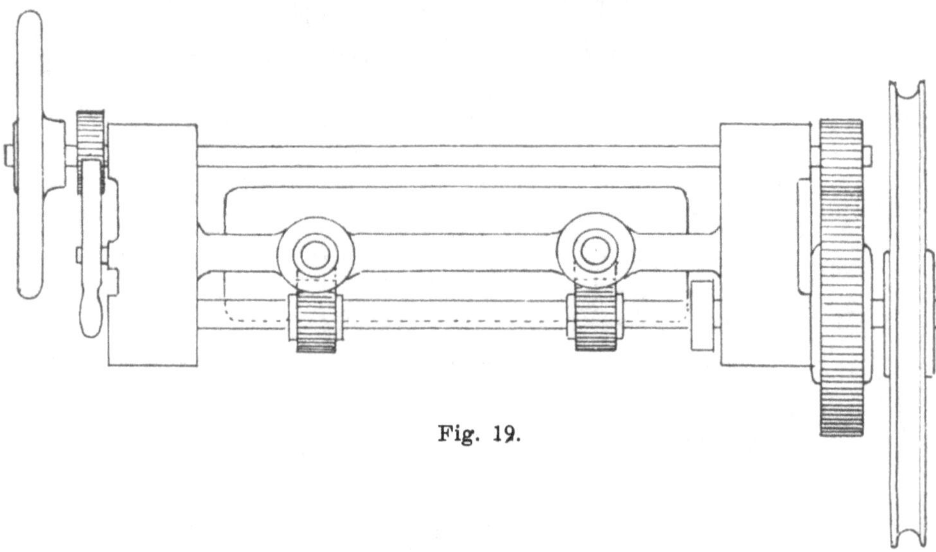

Fig. 19.

ist, wird sie durch das Stellrad wieder gehoben und frisches Holz eingelegt. Bei dieser Arbeit ist nur zu beachten, daß immer gleichzeitig nur ein Kasten leer wird, d. h. daß ein vollständiges Leerwerden überhaupt nicht eintritt, damit der Kraftverbrauch immer möglichst gleichmäßig bleibt, also das ganze Werk nicht einmal schnell und dann wieder langsam geht. Wenn der Wasserzufluß auf den Stein nicht richtig erfolgt, d. h. zu wenig Wasser aufgelassen wird, erwärmt sich das zu schleifende Holz, wird braun und der ganze Stein hüllt sich in eine Rauchwolke ein. Das ist natürlich ein Signal, nach welchem sofort Abhilfe geschaffen werden muß.

Bei kleineren Gewichtsschleifern, welche für Kräfte bis etwa 100 PS. und event. mehr geeignet sind, und bei denen man hohen spezifischen Preßflächendruck verbunden mit Heißschliff ausnützen will, hat sich eine Erfindung des Ingenieurs und Holzschleifereibesitzers Erhard Mergner in Grunau i. Sa. sehr gut bewährt und eingeführt; sie ist in Nr. 48 der Holzstoff-Zeitung von 1908 näher beschrieben. Hier sind an einem Schleifstein nur 2 Pressen, von denen immer nur eine in Tätigkeit und die andere in Reserve, also frisch gefüllt ist. Diese tritt sofort in Tätigkeit, sowie die niedergearbeitete erste Presse zu neuer Füllung angehoben wird; der Umstellungsmechanismus ist durch Ausschaltung eines Wechselgetriebes b in Freilage gebracht, und mittels Handrades a wird nun die angehobene gefüllte Presse durch ihn soweit niedergelassen, bis sie gerade auf das Holz aufsitzt.

Bei größeren Kräften kann man nach demselben System 4 Pressen in 2 Gruppen anordnen, und zwar möglichst

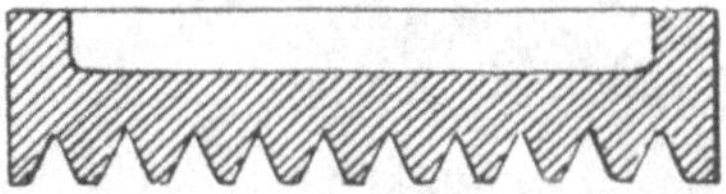

Fig. 20.

diametral einander gegenüber, so daß man die hohen Lagerdrucke möglichst auszugleichen sucht. Durch diesen Apparat ist auch ein plötzliches Niedergehen der Pressen, was durch Stöße leicht zu Brüchen in den Sperrklinken, Zahnstangen, Ketten usw. führt, vermieden.

Die Vorrichtung ist an den gewöhnlichen Kettenschleifern leicht anzubringen, gleichviel, ob sie rechts oder links drehen.

Muß man schon an und für sich bei der Herstellung der Schleifsteine auf bestes Material bedacht sein, so ist dies noch viel dringender bei den jetzigen Großkraftschleifern nötig; während die alten Schleifapparate nur 25—50 PS. verbrauchten, geht man jetzt schon bis zu 800 PS. auf einen Stein; sie werden nicht bloß größer, sondern müssen auch einen viel größeren Druck aushalten. Die Gefahr des Zerspringens ist eine viel größere geworden, und man hat es daher nicht bloß für wünschenswert, sondern sogar für dringend notwendig gefunden, sich darüber zu vergewissern, daß der Stein auch im Innern möglichst homogen, ohne Risse und Sprünge und gar Löcher ist; außerdem soll noch das Korn des Steines möglichst scharfkantig und gleichmäßig sein. Da hat nun die Sächsische Steinindustrie H. Schmidt, G. m. b. H. in Pirna, angefangen, die Steine aus keilartigen Segmentstücken zu-

Fig. 21.

sammenzusetzen, welche durch eine zementartige Masse unter sich innigst verbunden und außerdem noch durch seitlich eingelassene Eisenreifen, Doppelanker und Schienen fest verankert werden. Es ist klar, daß man die einzelnen Segmente viel besser auf etwaige Fehler hin untersuchen und von ganz derselben Härte und Korngröße des Steins aussuchen und so aus ihnen einen ganz gleichmäßigen, fehlerfreien Stein zusammensetzen kann. Es hat sich weiter als empfehlenswert herausgestellt, die Verbindungsfugen so eng wie möglich zu machen, da die zementartige Masse, mit der man die Fugen ausgießt, nicht von derselben Härte und Größe und Schärfe des Korns herzustellen ist, wie der Stein sie zeigt; sie wird sich also meist auch nicht ganz genau so abnutzen, als die eigentliche Steinmasse; außerdem soll der Holzstoff, wenn er viel mit Zement in Berührung kommt, leicht eine gelbliche Färbung annehmen.

Diese zusammengesetzten Steine mit geraden Fugen sind nun der genannten Firma patentiert worden, und andere haben deshalb gezahnte oder geschweifte Fugen gewählt, wie Gebrüder Israel in Pirna und Ad. Rich. Schulze, Sandsteinwerke in Dresden 18, während Heinrich Steglich in Copitz-Pirna die Steine aus halben Scheiben zusammensetzt, im Grunde genommen also nur weniger und größere Segmente nimmt, bei denen man natürlich das Innere wieder weniger genau untersuchen kann.

Bei den geschweiften Fugen ändert sich naturgemäß deren Winkel bei dem allmählichen Abschleifen etwas, und es erscheint fraglich, ob dies gut ist und nicht leicht ein Ausbrechen von einzelnen Stückchen zur Folge haben kann; sie gehen dann nicht genau zentrisch, und kann es dann öfter vorkommen, daß man nicht gerade bloß auf dem Querschnitt der Fuge mit schleift, sondern auf einer größeren Fläche derselben; bei den gezahnten Fugen ist dies an den bestimmten Stellen in noch stärkerem Maße der Fall.

Eine weitere wesentliche Verbesserung hat die Firma H. Schmidt dadurch eingeführt, daß sie die Bohrlöcher in die Schleifsteine, welche zur Aufnahme der Schrauben für die Befestigung des Steines mit der Armatur auf der Schleiferwelle hergestellt werden müssen, nicht mehr durch Handarbeit, sondern mittels einer Diamantbohrmaschine ausführen läßt. Es ist klar, daß bei den vielen starken Hammerschlägen, welche auf die Bohrer ausgeführt werden müssen, der Stein nicht bloß jedesmal stark erschüttert wird, sondern sich auch leicht Risse, welche vom Bohrloch ausgehen, bilden können, welche dann während der Arbeit zum Zerspringen des Steines führen werden; in der Tat gehen alle solche späteren Sprünge durch die Bohrlöcher, falls sie mit der Hand hergestellt sind, selbst wenn man dazu hohle Bohrer sich besonders anfertigt, wie man sie seit langer Zeit schon anwendet, wenn man Löcher in und durch Ziegelmauerwerk usw. herstellen will; man nimmt dazu ja ein schmiedeeisernes Rohr von der entsprechenden Stärke, dessen eines Ende man scharf auszackt und verstählt. Beim Bohren hält ein Arbeiter diesen hohlen Bohrer fest und dreht ihn nach jedem Hammerschlag etwas um seine Achse, während der andere mit dem Hammer auf das obere Ende des Bohrers schlägt; das Bohrmehl sammelt sich allmählich in dem Hohlbohrer an und kann mit diesem entfernt werden. Wenngleich hierbei nun auch der Stein so viel als möglich geschont wird, so ist es doch ganz anders, wenn man die Löcher mit einer Diamantbohrmaschine herstellt, bei welcher jeder Schlag, mithin jede Erschütterung und Bildung von Rissen vermieden wird; die Löcher werden außerdem vollständig rund, gerade und winkelrecht, wodurch das Einpassen der Rosetten bedeutend erleichtert wird.

Die Sächsische Steinindustrie H. Schmidt hat seit einiger Zeit eine Diamantdrehbank in Betrieb gesetzt, mit welcher die Schleifsteine vollständig zirkelrund abgedreht werden, wodurch die Schleiffläche genau rechtwinklig zu beiden Seitenflächen ausfällt. Bei einem mit der Hand gearbeiteten Stein kann dies niemals so genau der Fall sein und wird sich beim Einsetzen der Rosetten immer Nacharbeit erforderlich machen.

Die Firma Sächsische Steinindustrie H. Schmidt bringt jetzt künstliche Holzschleifsteine, nach den Patenten des Herrn Schmidt, unter dem Namen „Patent-Herkulessteine" in den Handel, die von fachkundiger Seite hergestellt sind; nach den bis jetzt gemachten Erfahrungen ergeben diese Kunststeine eine wesentlich höhere Stoffproduktion; ein Hauptvorteil liegt auch darin, daß diese Steine in der Körnung ganz gleichmäßig hergestellt werden können, und man hat es in der Hand, die einmal von einer Schleiferei für ihre Verhältnisse günstig gefundene Körnung genau einzuhalten.

Vor der weiteren Betrachtung der Fabrikation sei noch einer amerikanischen Maschine Erwähnung getan, welche die Schleifsteine vollständig ersetzen soll. Nach der P. Z. 1897 ist dies der Holzreiber (Pulp-Grating-Maschine) von John C. Kemp in Tipton, Staat Indiana, Amerikanisches Patent 588 340. Diese Maschine soll das Holz durch eine reibeisenähnliche Fläche ebenso zerfasern, wie man Rüben usw. durch das Reibeisen in breiige Fasern verwandelt. Da es sehr fraglich ist, ob diese Maschine wirklich ein besseres Resultat als die gebräuchlichen Schleif-

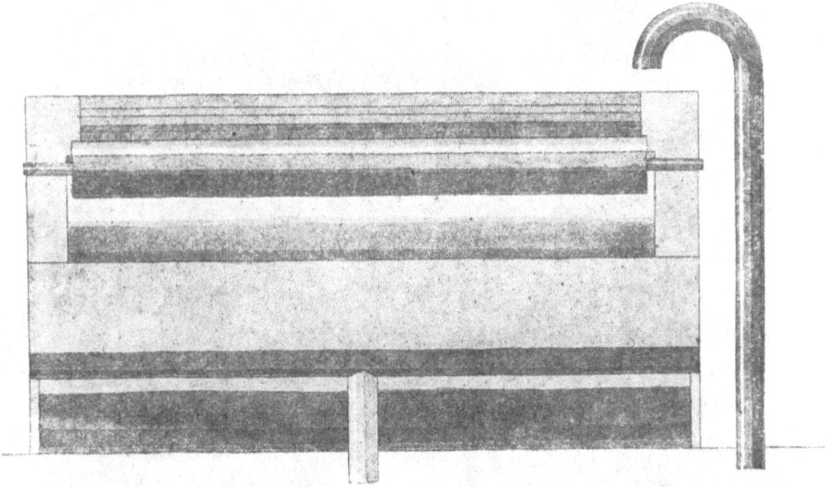

Fig. 22.

steine hervorbringt, so sei nur kurz gesagt, daß an Stelle der Steine ein Rad mit breitem Radkranz dient, das am Umfang seilscheibenartige Rillen trägt, über welche ein eiserner Ueberzug gelegt ist, der die Reibfläche bildet. Diese ist dadurch hervorgerufen, daß mittels Durchschlagens reibeisenförmige, zackige Löcher gemacht sind, die mit etwas größeren glatten Löchern abwechseln. Auf einer schrägen Fläche werden die zu zerfasernden Holzstücke am oberen Teile des Reibrades zugeführt und durch eine in einer Gabel bewegliche Druckplatte mittels einer Feder gegen dasselbe angepreßt. Dadurch reißen nun die vorstehenden Teile kleine Splitter und Fasern ab, unter Zuführung von Wasser, dieselben fallen in die Rillen und werden von da mittels der Zentrifugalkraft durch die glatten Löcher hindurchgeschleudert, wodurch eine Verstopfung der Reiblöcher vermieden wird. Vor und hinter der Reibrolle befinden sich Wellen, auf die Drahtbürsten gesteckt sind, welche die weitere selbsttätige Reinigung des Ueberzuges besorgen.

Der Erfinder behauptet, daß seine Reiber einen zum Papiermachen besser geeigneten Holzstoff erzeugen, als irgendein bisher bekannter Schleifer, und daß er infolge der ausnahmslos langen Fasern für die gleiche Menge Stoff weniger Holz verbraucht als Schleifer, die stets einen Teil

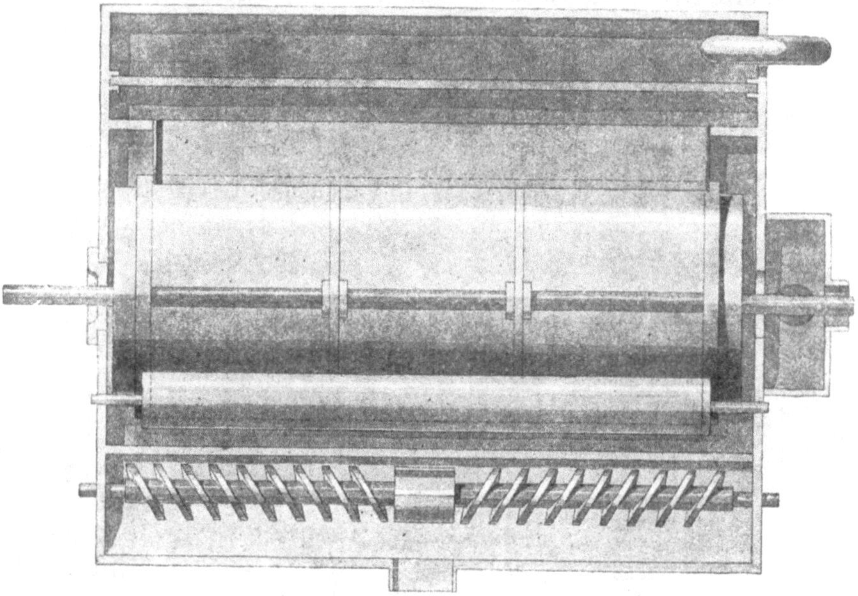

Fig. 23

des Stoffes tot mahlen. Die Kraft zum Antrieb eines Schleifers soll nur ein Viertel der für einen Schleifstein mit gleicher Erzeugung erforderlichen betragen und die Reibfläche braucht bei gleicher Erzeugung nur halb so groß zu sein, wie die Schleifsteinfläche. Bewährt hat sich die Erfindung allerdings noch nicht. Man weiß nichts über die Haltbarkeit der Reibfläche und da der Stoff jedenfalls meist aus Splittern besteht, wird voraussichtlich die Inanspruchnahme der Raffineurs eine bedeutendere werden.

Das Wasser spült bei Anwendung von Schlußsteinen nun fortgesetzt die abgeschliffenen Holzteilchen vom Stein ab und läuft unter demselben als milchige Flüssigkeit in einer Rinne fort, welche in die quer vor allen Schleifern lagernde Hauptrinne mündet. Aus dieser führen verschiedene Abzweigungen zunächst in die **Splitterfänger**, welche nötig sind, um nicht nur den guten, weiter zu verarbeitenden Holzstoff von den größeren oder kleineren Splittern zu trennen, die durch den Stein von dem Holz abgerissen werden, sondern auch diejenigen dickeren Späne aufzufangen, welche als Rest von jedem einzelnen Holzscheite übrig bleiben und zwischen Stein und Schleifkästen mit hindurchgerissen werden. Es ist dies meist nur ein wenige Millimeter starker Holzfaden, oft aber auch

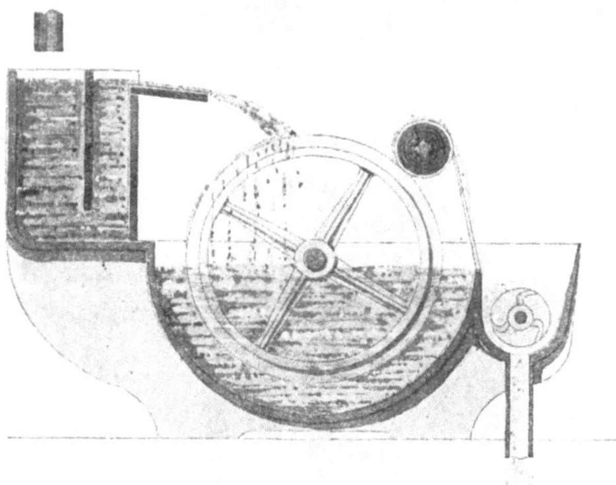

Fig. 24.

schmälere oder breitere dünne Schale. Man nennt diese Abfälle, ihrer äußeren Gestalt wegen, Sauerkraut.

Diese Splitterfänge sind einfache Holzrahmen, welche als Boden eine durchlochte Messing- oder Kupferplatte haben. Diese Kästen hängen in einem gewöhnlichen Holzkasten und werden am anderen Ende durch Schlagrädchen schnell ein kleines Stück auf und nieder bewegt, so daß sie eine schüttelnde Bewegung erhalten, genau so wie die Knotenfänger an den Papiermaschinen. Die eigentliche noch rohe Holzmase läuft durch die Löcher in den Kasten und von da aus in den Vorsortierer, während, wie gesagt, die gröberen Holzstücke zurückgehalten und nur von Zeit zu Zeit herausgenommen werden müssen.

An dieser Stelle muß erwähnt werden, daß es zwei ganz verschiedene Systeme von Sortierapparaten gibt, die entweder in manchen Fabriken beide angewandt werden, oder von denen in manchen Etablissements das eine, in anderen das zweite System vorgezogen wird. Die ältere Einrichtung, die aber ebenfalls ihre Vorzüge und deshalb Berechtigung hat, ist das Sortieren des Holzstoffes mittels **Sortierzylindern.** Die Zeichnung Figg. 22, 23, 24, 25, 26 verdeutlicht die Wirkung dieser Einrichtung.

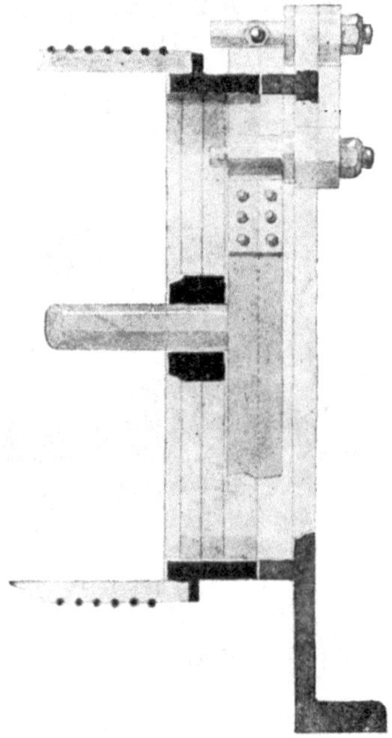

Fig. 25.

Hervorgehoben sei zunächst, daß bei Anwendung von Sortierzylindern stets 2 Sorten, die **Vorsortierer** und die **Nachsortierer,** benutzt werden, die aber ganz genau gleich in der Konstruktion sind, und sich nur durch die Feinheit der Siebnummer des Zylinderüberzuges unterscheiden. Es ist deshalb auch nur notwendig, den Vorsortierer näher zu betrachten, dessen Anordnung Fig. 22 im Aufriß, Fig. 23 im Grundriß und Fig. 24 im Querschnitt zeigt. Außerdem geben die Figuren 25 und 26 noch Details an.

In einem gußeisernen Kasten ist der Hauptteil, der aus messingenen Kreuzen, Rippen und Drähten hergestellte Sortierzylinder gelagert, welcher für die Vorsortierer mit Messinggewebe No. 10 beschlagen ist, während man für die Nachsortierer No. 14 wählt, respektive No. 12 anwendet, wenn der aus längeren Fasern bestehende „Braune Holzstoff“ sortiert werden soll. Die Seitenwände des Zy-

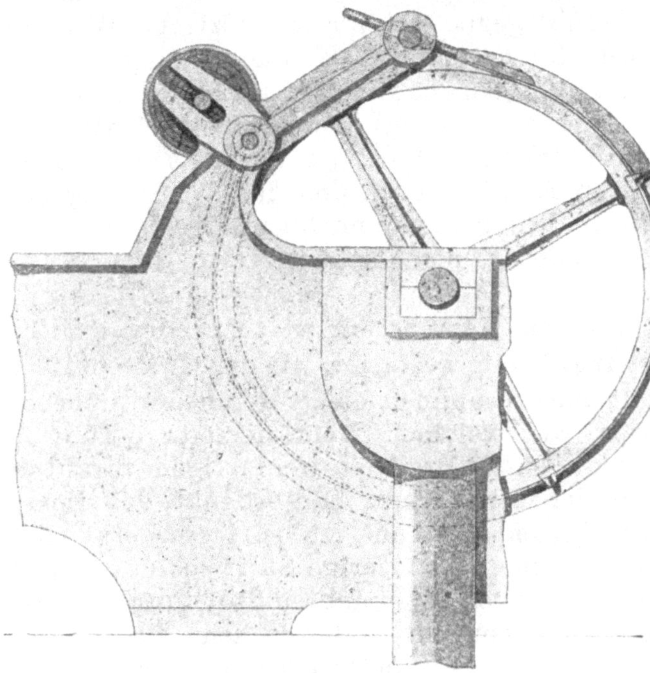

Fig. 26.

linders sind geschlossen und haben nur in der Mitte der einen Wand eine kreisrunde Oeffnung, durch die das von außen in den Zylinder eintretende Wasser, respektive der sortierte, stark mit Wasser verdünnte feine Stoff regelmäßig abfließen kann. Damit nicht etwa grober, unsortierter Stoff, der doch den Zylinder ringsum umgibt, seitwärts mit zum Abfluß gelangen kann, muß der Zylinder ordentlich abgedichtet werden, und dies geschieht durch ein 60 mm breites Filzband, dessen Anwendung aus den Figuren 25 und 26 zu ersehen ist.

Eine ganz ähnliche Abdichtung für den Hals von rotierenden Stoffsortierzylindern, Entwässerungszylindern und dergleichen ist Hermann Finckh in Reutlingen durch das D. R. P. 92909 geschützt worden. Die P. Z. 1897 schreibt darüber: Nach vorliegender Erfindung wird die Abdichtung dadurch bewirkt, daß ein um den Zylinderhals gelegter breiter Ring aus Gummi, Filz, Leder usw. bei axialer Vorschiebung nach der Zylinderstirnfläche zu, durch Auflauf auf einen keilförmigen Ringvorsprung des Zylinderhalses so gepreßt wird, daß er sich mit seinem Umfange innig gegen die hohlzylindrische Wandung der vom Halse durchsetzten Oeffnung des Zylinderbottichs legt. Der aufgeschobene Ring ist am besten so hergestellt, daß er sich kegelförmig erweitert. Außerdem hat die zylindrische Wandöffnung des Bottichs ebenfalls einen ringförmigen Ansatz, gegen den der Gummiring andrückt und so die Dichtungsfläche noch vergrößert, ohne daß diese Art der Dichtung eine nennenswerte Reibung hervorbringt.

Der Teil des Kastens, in welchem sich der Zylinder dreht, ist trogförmig gestaltet, wie der Querschnitt Fig. 24 zeigt; mit ihm zusammen hängt der höher stehende Einlaufskasten, aus welchem, wenn derselbe gefüllt ist, der Stoff über die ganze Breite in wehrartigem Strahl auf den Sortierzylinder fällt. Wenn man bedenkt, daß dieser Stoff stark mit Wasser verdünnt ist, so ist es erklärlich, daß der feingemahlene, kurzfaserige Stoff schon durch den infolge des Ueberfalles verursachten Stoß durch die Maschen des Siebes hindurchgeht und mit dem Wasser seitwärts abfließt, während die gröberen Teile durch das Sieb zurückgehalten werden. Der Trog ist stets bis zirka zur Achsenmitte mit Stoff gefüllt, hauptsächlich mit zurückgehaltenem, und dieser legt sich in einer dünnen Schicht gleichmäßig auf dem Siebüberzug fest und wird bei der Drehung des Zylinders mit emporgenommen, von einer darüber gelegten hölzernen, mit Filz überzogenen Walze jedoch wieder abgehoben. Der Stoff wickelt sich gleichmäßig auf diese Walze auf, wird aber durch einen Blechschaber fortgesetzt abgeschabt und fällt in eine quer vorliegende Rinne, in der sich eine lange Schnecke dreht, die den Zweck hat, den in die Rinne gefallenen Stoff fortgesetzt nach der Mitte zu zu führen, von wo er, mit einem Strahl Wasser verdünnt, in einem Rohre abgeleitet wird, um in dem Raffineur oder der Feinmühle eine nochmalige Zerkleinerung zu erfahren, d. h. in guten, feinen Holzstoff verwandelt zu werden.

Es ist nur noch zu erwähnen, daß die Zylinder in der Regel einen Durchmesser von 650 mm und eine Breite von 1,65 m haben. Die Sortierung mittels Zylindern ist eine wenig gewaltsame und liefert deshalb sehr gute Resultate. Man kann die Wirkung noch erhöhen, wenn man den Stoffüberfall höher annimmt, so daß der Flüssigkeitsstrahl mit größerer Gewalt auf den Zylinder fällt, umgekehrt ihn aber auch beliebig verringern. —

Im allgemeinen kann als eine Erfahrung der Praxis angenommen werden, daß sich die Zylindersortierung am besten in den Fällen bewährt, wo die Betriebskraft Wasser ist, also im Laufe des Jahres öftere Schwankungen derselben eintreten werden, während bei dem ganz regelmäßigen Dampfbetriebe, sowie bei außergewöhnlich konstanter Wasserkraft die in folgendem zu beschreibenden Schüttelsortierer vorzuziehen sind.

Ehe wir die weitere Fabrikation verfolgen, müssen wir erst die zweite Art der Sortierung, die **Voithsche Schüttelsortierung**, näher betrachten. Dieselbe besteht in der Hauptsache aus 3 übereinander gestellten $1^1/_2$ m langen und zirka $^1/_2$ m breiten, etwas geneigten Schüttelsieben, deren Böden aber nicht aus Siebgeflechten, sondern aus glatten, durchlochten Messing- oder Kupferplatten bestehen.

Diese drei Siebe erhalten von einer Welle aus, die dahinter liegt und sich 500 mal pro Minute umdreht, durch kleine Exzenter eine kurze, sehr schnelle Schüttelbewegung in der Richtung der Länge der Siebe, die also 1000 Bewegungen in der Minute beträgt. Das obere Sieb hat weite Löcher und dient nur dazu, die gröbsten Splitter zurückzuhalten, die nicht raffiniert werden können; diese werden von Zeit zu Zeit herausgenommen oder rutschen ans Ende des Siebes und von da in eine Abführrinne, nachdem sie durch ein kräftiges Spritzrohr von dem noch etwa anhaftenden guten Stoff befreit worden sind. Sie werden, wie die meisten anderen Abfälle, in der Regel verbrannt.

Das zweite Sieb hat Löcher von 1,5 bis 1,75 mm Weite, und zwar ca. 1200 Stück. Dieselbe Schüttelbewegung wie oben treibt den Stoff sehr bald durch das Sieb hindurch, so daß nur diejenigen Stoffteile bis ans Siebende und die von da aus abgehende Rinne gelangen, die wegen ihrer Stärke nochmals verkleinert, also raffiniert werden müssen.

Das dritte Sieb besitzt ca. 2500 Löcher von 0,8 bis 1 mm Weite, wird durch ein Spritzrohr fortgesetzt stark abgespritzt, die guten Fasern also durch die Löcher in den darunter befindlichen Trog getrieben und von da aus zur weiteren Verarbeitung der Pappenmaschine zugeführt. Die auf Sieb No. 3 zurückgehaltenen Fasern gelangen ebenfalls wie die von No. 2 zur weiteren Vermahlung auf den Raffineur.

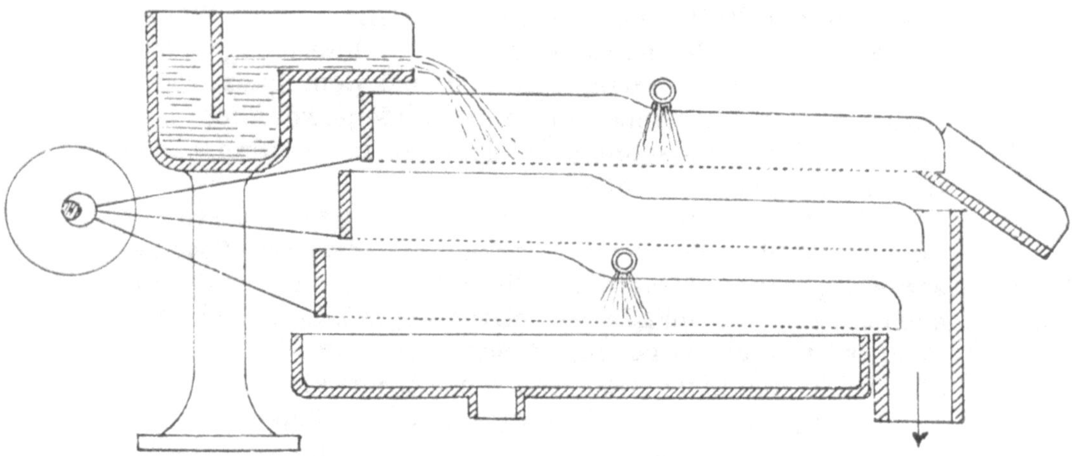

Fig. 27.

Es ist hier nur noch zu erwähnen, daß durch die Regulierung der Spritzrohre der Stoff mit größerer oder geringerer Kraft durch die Oeffnungen getrieben werden kann, daß aber auch dadurch selbstverständlich der Stoff mehr oder weniger splitterhaltig ausfallen wird. Zur Erzeugung ganz guten Stoffes ist es notwendig, das Spritzrohr über dem unteren, feinsten Siebe ganz außer Tätigkeit zu setzen, was auch bei manchen Fabriken in der Tat geschieht.

Da sich Zylinder sowie Schüttelsiebe leicht versetzen, so sei der Vollständigkeit wegen erwähnt, daß ein Herr C. Chelius in Rumbeck einen Sortierer für Holzstoff und dergleichen konstruiert hat, der nach der P. Z. durch das

D. R. P. 90 201 geschützt ist und den eben erwähnten Fehler nicht besitzen soll. In diesem Fall wird ein feststehendes Sieb zum Sortieren angewendet, bei welchem die Masse von unten nach oben das Sieb passiert, während sie sowohl unten als oben in heftig schüttelnder Bewegung gehalten wird. In einem kastenartigen Behälter sind ein oder mehrere solche feste Siebe angeordnet, über und unter denen Rahmen mit einzelnen Schlagleisten angebracht sind, die bei kurzem Auf- und Abbewegen den Stoff heftig schütteln, so daß das Sieb frei bleibt. Die sich unter dem Sieb sammelnden Splitter werden durch ein Ventil abgelassen.

Zu erwähnen sind hier noch zwei andere Arten von Splitterfängern, wie sie J. M. Voith auch neuerdings baut. Während der zuerst beschriebene mit den drei Schüttelsieben frei arbeitet, so daß alles Wasser immer ablaufen kann, gehen andere im Stoff, in dem sie ganz oder zum Teil eintauchen; sie wirken also mehr wie die sonst üblichen Knotenfänger. Der eine ist planförmig gebaut, an einer Seite fest aufgehängt, während er an der anderen durch einen Exzenter in schüttelnde Bewegung versetzt wird; der Stoff fließt hinein, der feine geht durch das Sieb hindurch, während die Splitter in demselben zurückbleiben und aus demselben mit Krücken jederzeit herausgenommen werden können. Der andere wieder ähnelt dem rotierenden Knotenfänger, welcher hier im Gegensatz zum vorstehenden in den unsortierten Stoff eintaucht; der feine tritt in das Innere des Zylinders und fließt aus diesem nach beiden Seiten hinab; die Splitter sammeln sich in dem äußeren Kasten und werden aus diesem nach Bedarf entfernt.

Von weit größerer Bedeutung als diese Splitterfänger sind aber die jetzt von wohl allen Spezialmaschinenfabriken schon gebauten Zentrifugalsortierer, welche sowohl mit senkrechter, als auch horizontaler Achse konstruiert werden; bei den ersteren wird der Stoff dadurch in groben und feinen getrennt, daß er gegen einen senkrechten stehenden Zylindermantel, der mit Löchern von 0,8 bis 1,0 mm Durchmesser versehen ist, geschleudert wird, wobei der feine Stoff hindurchgeht und sich in einer außerhalb des Zylinders befindlichen ringförmigen Fußrinne ansammelt und von da nach der Entwässerungsmaschine abfließt, während der grobe Stoff im Zylinder zurückbleibt und sich hier in einer zweiten Fußrinne sammelt und von da nach dem Raffineur geht. Ein besonderes Flügelrad schleudert den einlaufenden Stoff gegen den Siebmantel, an dessen Stelle auch ein System von horizontalen Scheiben treten kann.

Die Firma F. W. Strobel Akt.-Ges. in Chemnitz baut z. B. solche Sortierapparate mit vertikaler Achse nach Patent Schiller, welches sich sehr gut bewährt hat und in ungefähr 600 Exemplaren schon benutzt wird.

Auch die Eisengießerei und Maschinenfabrik Akt.-Ges. in Bautzen, welche ebenfalls vollständige Einrichtungen

Fig. 28.

für Holzschleifereien liefert, hat schon zahlreiche Zentrifugalsortierer mit senkrechter Achse ausgeführt; man kann hier auch noch F. Füllner, Maschinenfabrik in Warmbrunn i. Schl., die Maschinenbau-Akt.-Ges. Golzern-Grimma in Golzern, Amme, Giesecke & Konegen Akt.-Ges. in Braunschweig, Escher Wyß & Co. in Zürich und andere mehr als Spezialfirmen mit nennen, welche alle jetzt solche Sortierapparate schon mit in den Kreis ihrer Lieferungen einbezogen haben.

Die Fabrik J. M. Voith baute früher auch Zentrifugalsortierer mit senkrechter Achse, ist dann aber vollständig ab- und zu solchen übergegangen, welche mit horizontaler Achse ausgestattet sind; diese trägt ein besonders konstruiertes Flügelrad, welches den einlaufenden Stoff möglichst gleichmäßig über den ganzen Mantel des Siebzylinders verteilt. Außerdem wird der grobe Stoff, der zurückgehalten wird, nochmals mit Wasser ausgewaschen, bevor er zum Raffineur geht, und dadurch wird ihm noch viel feiner Stoff entzogen, der auf dem Raffineur sonst ganz unnötigerweise noch feiner, ja totgemahlen werden würde; der Raffineur wird auf diese Weise noch bedeutend entlastet, so daß man auch weniger Raffineure überhaupt nötig hat und so Anlage- und Betriebskosten spart. Ehedem

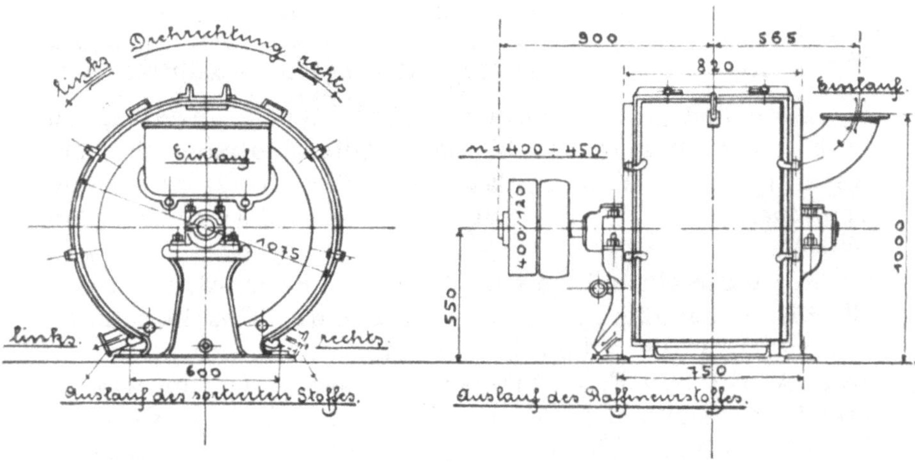

Fig. 29

rechnete man auf 100 PS., welche der Schleifer gebraucht, schon einen Raffineur; nun braucht man erst einen solchen auf 500—700 PS. Das bedeutet also eine ganz erhebliche Steigerung der Produktion an sich, weil man die hier beim Raffineur ersparte Kraft mit zum Schleifen verwenden kann.

Es ist klar, daß man es mit der Umdrehungsgeschwindigkeit des Flügelrades ganz in der Hand hat, den Holzstoff in bezug auf Feinheit ganz nach Wunsch zu sortieren; geht das Flügelrad langsam, wird nur der feinste Stoff durch den Sortierzylinder mit hindurchgehen, und aller nur etwas gröbere geht mit nach dem Raffineur; natürlich leistet dann auch der Sortierer aus zweierlei Gründen erheblich weniger, so daß man den so außergewöhnlich fein sortierten Stoff sich unbedingt auch höher bezahlen lassen muß, um den Nachteil wieder auszugleichen.

J. M. Voith baut diesen neuen Apparat in den verschiedenen Größen 00, 0, 1, 2 und 3.

No.	Aeußerer Zylinder		Umdrehungen des Flügelrades pro Minute	Kraftbedarf PS.	Leistung in 24 Stunden Kg. lufttrocken	
	Durchm.	Länge			Holzstoff	Zellstoff
00	775	670	550—600	2—5	1500—2500	2000—3500
0	775	1090	550—600	4—8	3000—5000	4000—8000
1	1075	750	400—450	4—8	3000—5000	4000—8000
2	1300	1120	320—370	8—16	6000—10000	10000—20000
3	1560	1600	300—850	15—30	8000—15000	12000—30000

Man sieht, die Leistungen sind hier außerordentlich groß geworden gegen die bis dahin gebräuchlichen Sortierapparate; kein Wunder, daß sie in der Holzstoff-Zeitung von einem Holzschleiferei-Besitzer besonders empfohlen wurden.

Auch die Maschinenbau-Akt.-Ges. Golzern-Grimma und die Eisengießerei und Maschinenfabrik Akt.-Ges. in Bautzen liefern ebenfalls schon Zentrifugalsortierer mit horizontaler Achse, und F. W. Strobel Akt.-Ges. in Chemnitz wird ebenfalls demnächst mit einem solchen an die Oeffentlichkeit treten, nachdem sie ihn in ihrer eigenen Schleiferei gründlichst durchprobiert haben wird, während Amme, Giesecke & Konegen Akt.-Ges. in Braunschweig solche auch schon mit ausführen.

Durch die Natur der bei der Holzschleiferei der Reihe nach in Anwendung kommenden Arbeiten hat sich die Aufstellung der dazu notwendigen Apparate in absatz- oder treppenartiger Form ergeben, so daß also die Schleifer in der entsprechend hohen 1. Etage, die Sortierapparate eine Stufe tiefer und die nun zur Beschreibung kommenden Raffineure wieder um einen entsprechend hohen Absatz tiefer gestellt sind, so daß der dünnflüssige Stoff direkt aus dem vorhergehenden in den nächstfolgenden Apparat laufen kann. Diese Anordnung zeigt Fig. 31.

Der Hauptteil des **Raffineurs**, den Fig. 32 im Aufriß und Durchschnitt und Fig. 33 im Grundriß zeigt, sind die beiden Steine, welche horizontal aufeinander liegen und wovon der unterste, der Bodenstein, in einer gußeisernen

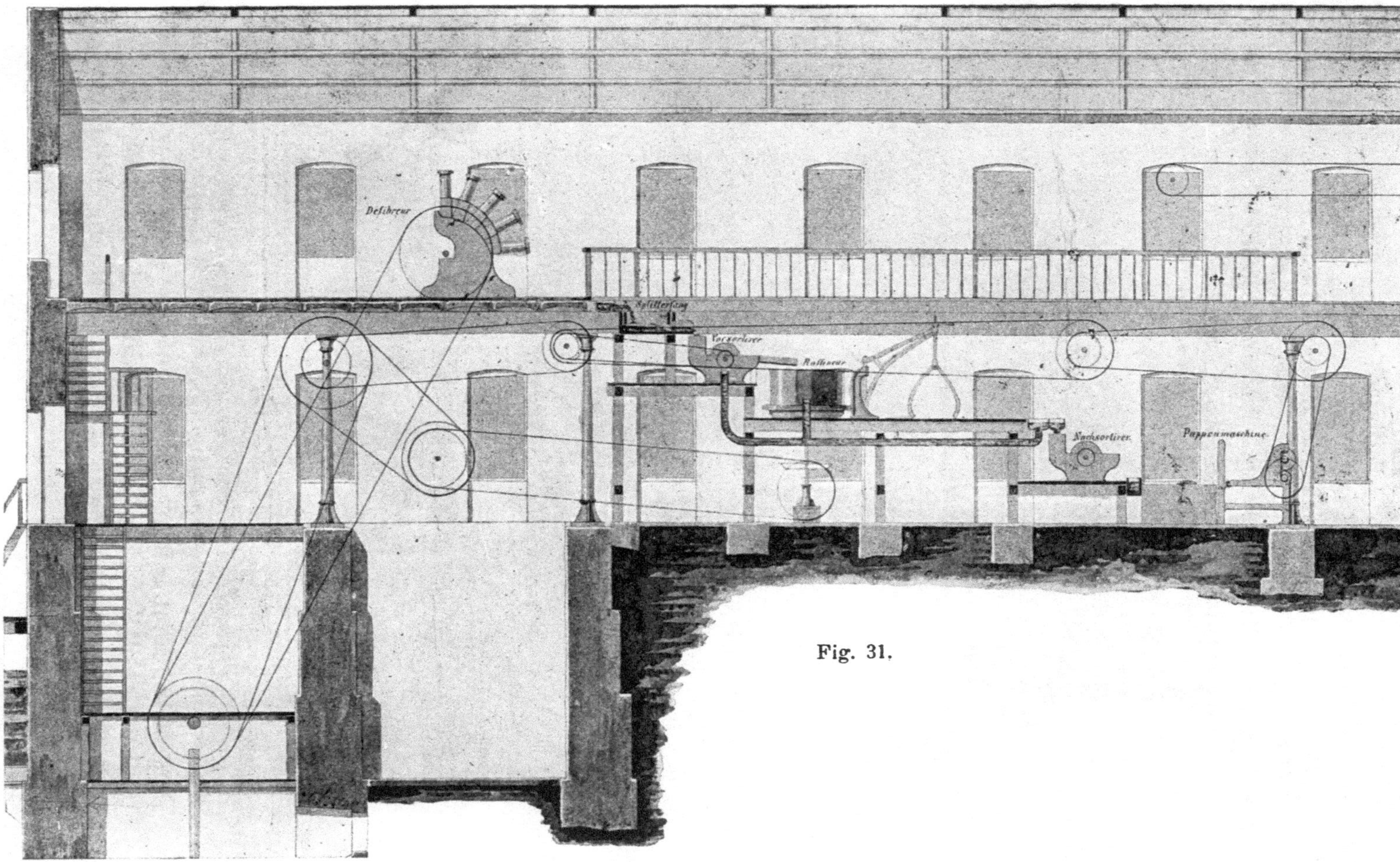
Defibreur
Splitterfang
Vorsortirer
Raffineur
Nachsortirer
Pappenmaschine

Fig. 31.

Schale durch Schwefel oder Zement festgegossen, also unbeweglich ist, während der oberste, der Läufer, sich schnell dreht und den zwischen die beiden Steine geführten Stoff wie in einer Mahlmühle zerreibt, also die kleinen Splitter

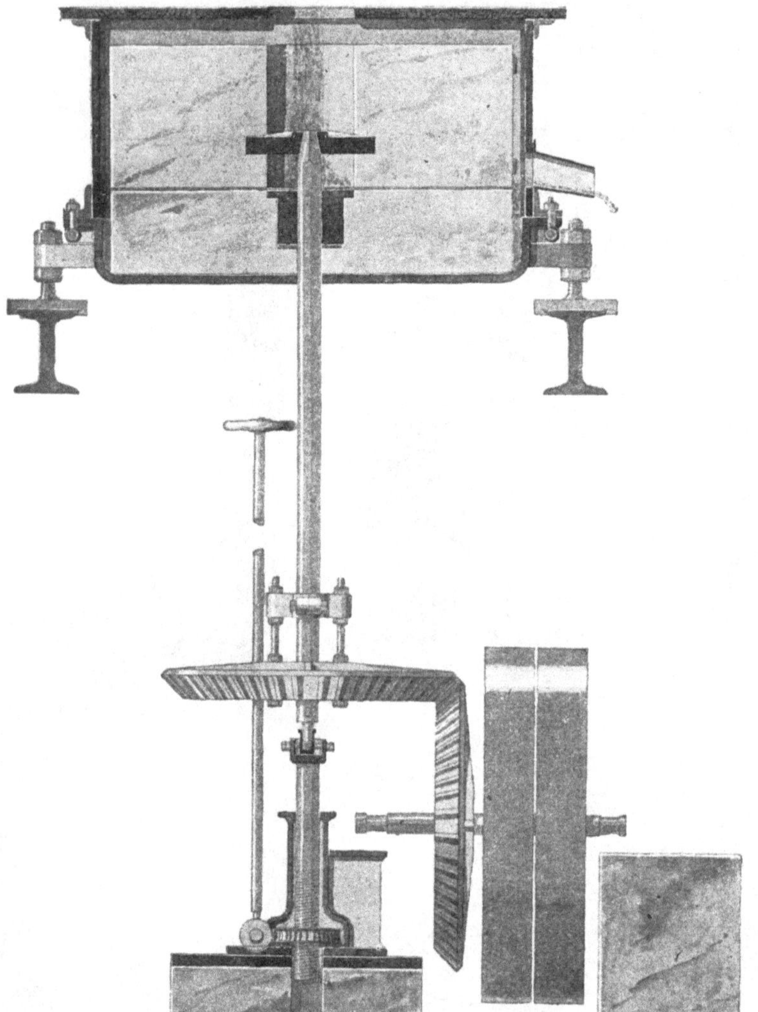

Fig. 32.

in guten, verarbeitungsfähigen Stoff verwandelt. Hierbei wird der grobe Stoff direkt aus dem Vorsortierer durch den Deckel der den Raffineur umgebenden Haube und durch ein in der Mitte des Läufers befindliches rundes Loch zwischen die beiden Mahlflächen geführt, die durch eine

Stellvorrichtung einander je nach Bedarf genähert oder voneinander entfernt werden können. Bei dem Mahlen wird der in der Mitte eingetretene Stoff durch die Zentrifugalkraft nach dem Umfange zu geschleudert, tritt dort ringsherum aus und wird an einer Stelle der Haube seitwärts wieder abgeführt, wo man seine Güte durch Ansehen und hauptsächlich durch Prüfen mit der Hand beurteilen kann. Danach wird der Läufer entweder etwas mehr gesenkt oder gehoben.

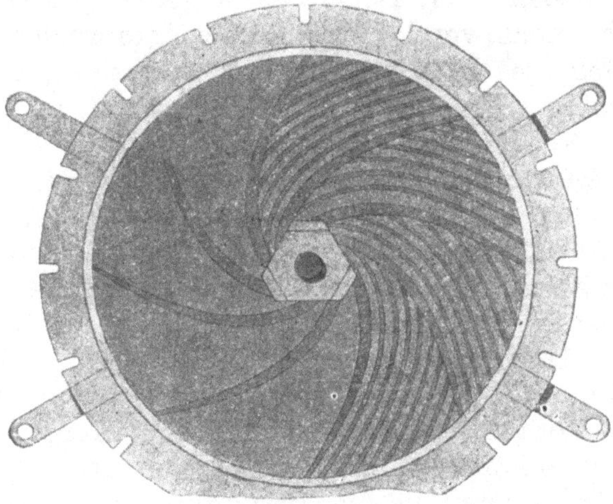

Fig. 33.

Der zu wenig raffinierte Stoff fühlt sich hart an, da man zwischen den Fingern noch die kurzen, dickeren Faserbündel bemerkt, während der Stoff als ganz weich und gleichmäßig dem Gefühle erscheint, wenn diese Bündel zerquetscht, der Stoff also richtig raffiniert ist. Durch diese Arbeit, die starke erzeugte Reibung, erwärmt sich der Stoff, so daß er sich lau anfühlt. Wird er sogar warm, ja selbst heiß, so daß er zu rauchen anfängt, ist dies ein Zeichen, daß die Steine zu fest aufeinander liegen und man den Läufer etwas heben muß.

Daß der Stoff in diesem warmen Zustande sich besonders weich anfühlt, also sehr gut raffiniert und fein sein muß, ist nun zwar eine längst bekannte Tatsache; aber aus Rücksicht auf den voraussichtlich zu großen Kraftverbrauch und die Haltbarkeit der in Frage kommenden Maschinenteile hat man in Deutschland doch immer dieses

Warmwerden nur als unbeabsichtigtes hingenommen und dasselbe möglichst schnell wieder beseitigt. In Amerika jedoch hat man schon seit Jahren den Stoff nicht nur so stark raffiniert, daß er warm wird, sondern gleich beim Schleifen selbst durch sehr starken Druck und Zuführung von sehr wenig Wasser den Stoff absichtlich warm, resp. heiß geschliffen, so daß ein Raffinieren später meist überflüssig wurde. Ueber diese in Amerika ziemlich weit verbreitete Methode sind aber bisher nur sehr wenige und ungenaue Angaben nach Deutschland gedrungen, und auch diese haben noch vor kurzem sich widersprochen, so daß sie kein richtiges Bild der wirklichen Methode und deren Vorteile gaben. Durch Herrn Ernst Kirchner in Chemnitz, der in der Neuzeit in seiner „Technologie" Näheres darüber veröffentlichte, bin ich in die Lage versetzt worden, folgendes über die Methode des Heißschliffes zu bringen, die möglicherweise auch in Deutschland eine gewisse Umwälzung in der Holzstoffabrikation herbeiführen kann. Andererseits hat die Maschinenbau-Anstalt Golzern-Grimma in Golzern i. Sachs. bereits eine größere Anzahl von derartigen Anlagen in verschiedenen Ländern ausgeführt und mir direkt die neuesten Mitteilungen darüber freundlichst zukommen lassen. Es seien daher gleich an dieser Stelle, mitten in die Beschreibung des Raffineurs hinein, die Mitteilungen über den Warmschliff gemacht, soweit sie bis jetzt vorliegen. Es ist schon gesagt worden, daß die hierbei zur Anwendung kommende Wärme nicht äußerlich künstlich erzeugt, sondern nur durch außergewöhnlich starken Druck des Holzes auf den Stein und Anwendung von sehr wenig Wasser hervorgerufen wird. Es kommt dann dazu, daß die Umfangsgeschwindigkeit des Schleifsteines bei den Amerikanern 15,3 bis sogar 16,75 m pro Sekunde beträgt, während in Deutschland in der Regel nicht über 11—12 m gegangen wird. Durch die dort zusammenwirkenden Verhältnisse wird natürlich eine sehr starke Reibung erzeugt, die bekanntlich Wärme entwickelt, die aber bis jetzt als überflüssig, ja schädlich betrachtet wurde, weil sie einen großen Kraftverlust bedeutet. Trotz Anerkennung der durch den Warmschliff erhaltenen guten Eigenschaften des Holzstoffes ist dieser Kraftverlust im Vergleich zu der Kaltschleifmethode auf 50 pCt. berechnet worden, und hat man dieser Ansicht bis auf die Neuzeit auch nicht gerade widersprochen. Die neueren Erörterungen haben aber doch ergeben, daß die Angelegenheit anders und zwar bedeutend günstiger liegt; denn auch bei dem Kaltschliff und Anwendung geringeren Druckes wird selbstverständlich Reibung und dadurch Wärme hervorgerufen, die nur durch Anwendung des vielen Wassers nicht so bemerkt wird und dadurch auch nicht den günstigen Einfluß auf den Stoff ausüben kann, wie dies tatsächlich durch das Warmschleifen geschieht. Der früher ausgerechnete Kraftverlust ist demnach nicht vorhanden, oder wenigstens nicht in dem Maße, da außerdem die Wärme dem zu schleifenden Holze noch die Eigenschaft zu erteilen scheint, daß es sich leichter auflöst, zerteilen läßt, also mit derselben Zeit und Kraft mehr fertiggebracht werden kann.

Herr Kirchner hat in seinem Werke sehr ausführliche und sehr interessante Versuche über den Schleifprozeß, die Art der Steine, die Umfangsgeschwindigkeit, Einfluß der Aeste, Größe der Schleiffläche, Druck auf die Schleiffläche, Mengen des Spritzwassers usw. gemacht, die aber in diesem hauptsächlich der Praxis bestimmten Buche nicht wiederholt werden können und sollen. Aus seinen Versuchen sei nur eine kurze Tabelle angeführt, aus welcher man deutlich ersehen kann, wie sich der Arbeitsverbrauch und die Leistung eines Schleifers bei erhöhtem Druck auf die Schleiffläche ändern.

a) Bei g Druck pro qcm Schleiffläche	b) Arbeitsverbrauch in Pferdekräften	c) Leistung g lufttrockener Stoff im ganzen à Minute	d) Leistung g an lufttrockenem Stoff p. Pferdekraft à Minute	e) 100 kg lufttrockener Stoff erfordern in 24 Stunden Pferdekräfte
50	0,94	5,6	6,0	11,5
100	1,44	16,0	11,2	6,2
150	2,06	27,2	13,6	5,1
245	2,81	45,6	16,8	4,1
385	4,06	64,0	16,0	4,3
500	5,06	59,4	12,0	5,8

Man ersieht hieraus, daß ungefähr bei einem Flächendruck von 245 g pro □Zentimeter das Maximum der

Leistung pro Pferdekraft und bei 385 g das Leistungsmaxium des Steines überhaupt erreicht ist, und daß also der Druck pro Flächeninhalt von größtem Einfluß auf die Leistung ist. Bei geringem Druck pro Flächeneinheit wird wenig, bei großem Druck viel geleistet.

Bezüglich des Spritzwassers, welches bisher bei dem Kaltschliff meist angewendet wird, sei nur kurz erwähnt, daß die Menge so groß sein muß, um den Stein von allem anhaftenden Stoff frei zu spülen, damit er nicht verschmiert, sondern dem Schleifholz stets eine scharfkörnige Fläche geboten wird. Hierzu genügt ungefähr die 100fache Wassermenge.

Daß dies beim Warmschliff noch viel zu viel ist, liegt auf der Hand und wird aus dem Nachfolgenden erklärlich werden: In Kirchners Technologie, Abschnitt III, Seite 82 ist als einer der besten Warmschleifer der von D. T. Mills bezeichnet und beschrieben. Danach hat derselbe einen Stein von 1270 mm Durchmesser und wird für 406, 482, 610 und 686 mm langes Schleifholz, bei stets gleichbleibender Schleifflächenbreite von 368 mm, also in vier Nummern, gebaut.

Eine der Pressen liegt fast senkrecht über der Mitte des Steines, die beiden anderen rechts und links unter etwa 60° zur ersten. Die Preßkasten haben eine nach dem Stein zu sich etwas erweiternde Form, die das Klemmen der Scheithölze verhindern soll. Die Seitenwände sind an den Stein mit Schrauben dicht anstellbar, etwa losgerissene Späne werden sofort unter die nächste Presse geführt, ohne hängen zu bleiben.

Aus dem praktischen Betrieb wird für einen Schleifer bei Verwendung von 610 mm langem Holz, also mit einer nützlichen totalen Preßfläche von 3 . 0,610 . 0,368 = 0,67 □m, eine Leistung in 24 Stunden von 4000 bis 4100 kg Stoff angegeben. Es läßt sich leicht ausrechnen, daß für diese Leistung ein Vorschub des Holzes von mindestens 15 mm pro Minute (statt 8 mm bei Voithschen und anderen Kaltschleifern) erreicht werden muß. Schon hieraus erhellt, daß mit einem wesentlich höheren Flächendruck geschliffen wird und daß bei den sehr kleinen aufgewendeten Spritzwassermengen eine höhere Erwärmung stattfinden muß.

Nach anderen Mitteilungen aus Amerika hat Olin Scott, Bennington, Vermont, schon 1888 seinen sogenannten „New England“ Schleifer gebaut und bis jetzt zirka 500 solcher Schleifer an 100 verschiedene Geschäfte geliefert. Es ist dies entweder ein zweipressiger Schleifer mit diametraler, fast horizontaler Stellung der Pressen, oder ein dreipressiger in Anordnung, wie sie der später zu beschreibende Kronsche Schleifer in Fig. 34 zeigt. Der Stein des ersteren hat 1220 mm, der des letzteren 1370 mm Durchmesser. Noch gegenwärtig werden diese Schleifer in 5 Nummern ausgeführt. Scott will mit diesen Maschinen mehr Stoff von guter Qualität, geringerem Kraftaufwand und mit geringeren Unkosten herstellen, als dies mit irgendeinem der bekannten Schleifer der Fall ist. (Siehe Kirchner.)

Er garantiert, mit einem Schleifer, als mit 0,8 □ m totaler Schleiffläche, 9070 kg lufttrockenen Stoff in 24 Stunden schleifen zu wollen.

Diese Leistung erfordert mindestens 30 mm Holzvorschub pro Minute, also einen mindestens 4 mal so großen als Voith bestimmt.

Diese Garantie-Veröffentlichungen stehen jedenfalls im Zusammenhange mit den Anfang 1897 vorausgegangenen Veröffentlichungen der Challenge Grinder Co., Rochester N. Y., wonach mit dem 1889 Bernard Eilers jr. in Rochester unter No. 402425 patentierten Schleifersystem, jetzt Challenge-Schleifer, große Fortschritte erzielt sein sollen.

Der Schleifer ist ein vierpressiger Schleifer, mit 2 sich nahezu diametral gegenüberstehenden Pressen, die von einem einzigen Preßzylinder, welcher darüber liegt, durch 2 mit den Kolbenstangen-Enden gelenkig verbundene Doppelhebel ihren Pressenandruck empfangen. Durch die diametrale Wirkung je zweier, annähernd gleicher Pressendrucke werden die Lagerdrucke fast aufgehoben und damit die Zapfenreibungsverluste, wie es auch Scott mit seinen zweipressigen „New Englands“ erreicht, auf ein Minimum gebracht. Der bedienende Arbeiter kann immer bequem 2 Pressen füllen, während die anderen Pressen Holz niederschleifen; er besorgt nach einem gegebenen Glockenzeichen die Umschaltung des Zylinderdruckes von rechts nach links und umgekehrt. Diese Umschaltung geht bei der Geschwindigkeit gepreßten Druckwassers in den Röhren, Kanälen und im Zylinder so gut wie momentan vor sich, so daß eine Geschwindigkeitsänderung des Schleifsteines bei dieser Umschaltung nicht gespürt werden soll.

Die Preßkasten sind nach dem Stein zu erweitert und sind bis auf 0,8 mm dicht an den Stein nachstellbar. Die Preßplatten sind unten zur Vermeidung des Holzrollens gerieft, die in Drehpunkten schwingenden Preßplatten werden stets an den Stellen der Schleiffläche am stärksten vorgeschoben und gepreßt, die bei der Drehung zuerst vom Stein getroffen werden, was ein gutes Raffinieren des losgerissenen Stoffes auf der weniger stark gedrückten Seite der Schleiffläche mit sich bringen mag. — In wenigen Minuten soll der Stein neu geschärft werden können; man hat zu diesem Zweck an dem oberen Preßkasten eine verstellbare Schärfrolle angebracht. Für Zuführung von Spritzwasser scheint nur von der unteren Presse ein Spritzrohr angebracht zu sein, und ob der Stein, wie bei anderen derartigen Warmschleifern, im Schleifbrei läuft, ist nicht gesagt, doch sehr wahrscheinlich.

In der amerikanischen Beschreibung ist noch hervorgehoben, daß durch die bequeme und dichte Anstellung der Preßkasten die Entstehung von Spänen und Splittern vermieden wird, wodurch die Arbeit des Sortierers und der Holzverlust sich bedeutend verringern. Ein abgenutzter Stein kann leicht und in kurzer Zeit ausgewechselt werden, indem das obere Gestell des Schleifers losgeschraubt und, um Scharniere sich drehend, weggehoben werden kann.

Der Stein hat 1371,6 mm Durchmesser, ist von 965 mm Durchmesser habenden gußeisernen, eingelassenen Rosetten festgehalten; er kann auf 1020 mm Durchmesser abgearbeitet werden. Der Preßzylinder hat 406 mm Durchmesser, seine stählerne Kolbenstange ist 101,5 mm stark und die Steinachse 203 mm. Die durch zweijährige Arbeit des Herrn W. A. Murphy durchaus verbesserte Maschine wiegt ca. 11 000 kg und wird als mechanisches Meisterwerk gepriesen.

Mit einem Challenge-Schleifer dieser Dimensionen für 610 mm langes Schleifholz und einem dreipressigen

Schleifer älterer Konstruktion sind am 23.—24. Dez. 1896 Vergleichsversuche angestellt worden, aus deren Veröffentlichung hervorgeht, daß bei jenem mit Flächendrucken gearbeitet werden kann, wo dieser wegen Reibungsverlust und Brennen der Achslager seine Dienste versagte.

Wie erwähnt, sind immer 2 Pressen, à 0,610 . 0,368 tief, also zusammen = 0,449 □m in Tätigkeit. Der Wasserdruck im hydraulischen Preßzylinder 40,6 cm Durchmesser excl. 10,75 cm. Kolbenstange) = 1213,2 qcm bei angegebenen 6—7,4 Atmosphären, ist 7280—8978 kg, wegen der ungleicharmigen Hebel und der allerdings wechselnden schiefen Drucke durchschnittlich um 25 pCt. erhöht, ergibt ca. 9100—11 220 kg. Druck, welcher sich auf 4490 qcm totale Schleiffläche verteilt, d. h. bei voll vom Holz bedeckter Schleiffläche wird mit 2—$2^1/_2$ kg Pressendruck à qcm geschliffen. Da aber die Schleiffläche selten voll, vielmehr nur $^3/_4$—$^2/_3$ mit Holz bedeckt zu rechnen ist, so steigt der wirkliche Flächendruck auf 2,5—3,3 kg.

In diesem Umstande und in der aufgewendeten geringen Spritzwassermenge liegt wohl die hohe Erhitzung des Schleifbreies, die Schmierigkeit des Stoffes und der hohe Effekt bezüglich der Mengenleistung begründet.

Nach Kirchner sind die umgerechneten, von der Challenge Grinder Co. veröffentlichten Hauptresultate folgende:

Versuch	Aufgewandte Pferdekräfte	Umfangsgeschwindigkeit des Steines in Metern	Druck à qcm der Schleiffläche in kg	Rm in 24 Stunden	kg Stoff in 24 Stunden	100 kg lufttrockener Stoff brauchen 24 Stdn. lang Pferdekräfte
1.	263	16,5	2,23	22,1	6570	4,00
2.	263	15,8	2,15	29,0	8616	3,05
3.	248	13,6	2,36	26,1	7755	3,20

Die höchste Leistung wurde hiernach bei einer Umfangsgeschwindigkeit von 15,8 m und bei einem Preßflächendruck (total gerechnet) von 2,15 kg erreicht; bei Erhöhung des Pressendruckes war die Leistung gesunken.

Diese Versuchsresultate, sowie die Scottschen Versprechungen lösen zwar die auftretenden Fragen für uns noch lange nicht vollständig; aber so viel ersieht man, daß beim Schleifen unter sehr hohem Flächendruck unter Anwendung sehr geringer Mengen Spritzwassers total veränderte Verhältnisse gegenüber dem Kaltschleifen auftreten.

Das Urteil eines amerikanischen Maschinenfabrikanten dient hier als Beweis, der den Wert des Heißschleifens in einer Schleiferei und einer Pappenfabrik kennen lernte. Er sagt folgendes: Früher konnte die Fabrik mit Kaltschliff nur Pappen bis zu No. 40 Dicke, und zwar nur mit Zellulosezusatz in dieser Stärke fertig bringen. Jetzt nach Einführung des Heißschleifens erzeugt jeder Schleifer mehr Stoff. Die Fabrik macht ferner ohne Zellulosezusatz, also aus reinem Schliff, ohne Schwierigkeit dickere Pappen von No. 35.

Es läuft kein Wasser auf den Stein; letzterer taucht nur in den von einem Damme gehaltenen, ziemlich kochend heißen Stoff. Der Stoff ist so heiß, daß ein Exhaustor den Dampf ins Freie treiben muß.

So hat man nun hierdurch auch die Erklärung, daß infolge geringeren Arbeitsverlustes durch Umsetzung in Wärme einerseits und erzielte hohe Temperatur andererseits mit (gegen das Kaltschleifen) in Summa geringerem Arbeitsaufwand doch mehr und gründlicher zerfaserter und zerquetschter Holzstoff resultiert, als beim Kaltschleifen sogar unter Vermeidung der großen Mengen groben Stoffes und Splitter, die bei unserem Kaltschleifen entstehen. —

Die anfangs erwähnten Mitteilungen der Maschinenbau-Anstalt Golzern beziehen sich nun auf den Holzschleifer für Warmschliff nach dem System ihres früheren Generaldirektors Herrn Rudolf Kron. Die Figur 34 gibt ein Bild dieses Schleifers mit hydraulisch pneumatischer Anpressung für 200 bis 300 Pferdekräfte pro Stein. Er ist, wie daraus ersichtlich, ein dreipressiger Schleifer, der nach amerikanischem System mit sehr wenig Spritzwasser arbeitet und zur Ausnutzung einer großen Kraft dient, die im allgemeinen auf die zwei unteren Pressen verteilt wird. Die obere dritte Presse wird nur dann in Tätigkeit gesetzt, wenn eine der beiden unteren Pressen behufs neuer Füllung abgestellt werden muß. Das Vorschieben der Preßkolben erfolgt durch Druckwasser und sind die Steuerhähne der Pressen derart voneinander abhängig, daß bei Ausschaltung einer der unteren Pressen die obere selbsttätig angelassen wird, bezw. diese außer Tätigkeit tritt, wenn die untere Presse wiederum eingerückt wird.

Das für den Schleifer nötige Druckwasser wird in dem hydraulisch atmosphärischen Akkumulator erzeugt

Fig. 34.

(Fig. 35), der aus einem großen Windkessel mit einem oder zwei Druckpumpen besteht. Diese saugen Wasser und Luft an und pressen beide in den Windkessel, in welchem die Luft als Arbeitssammler und gleichzeitig als elastisches Mittel zur Sicherung eines gleichmäßigen Druckes dient, während das Wasser in das bereits erwähnte

Rohrsystem eines oder mehrerer Schleifer gelangt. Der Windkessel ist mit Wasserstandsanzeiger, sowie mit Manometer und Lufthahn ausgerüstet; auch befindet sich an der Pumpe ein Druckregulator, welcher gestattet, durch Auflegen oder Abheben von Gewichtsscheiben den Druck im Windkessel beliebig zu steigern oder zu vermindern. Die Sicherheit des Betriebes wird durch ein auf den zulässig höchsten Druck eingestelltes Sicherheitsventil gewährleistet.

Fig. 35.

Dieser Akkumulator ist genau so, wie der bereits in den Figuren 12 und 13 bereits abgebildete, nur mit dem Unterschiede, daß er für einen Druck von 3 bis 6 Atmosphären gebaut ist. Er macht 60 Umdrehungen per Minute, und seine Pumpen haben einen Kolbendurchmesser von 60 mm und einen Hub von 150 mm.

Der neue Schleifer ist, wie erwähnt, in erster Linie für große Kräfte bestimmt, indem auf einer Presse ohne Gefahr und ohne Beeinträchtigung der Leistung und der Stoffqualität bis 100 Pferdekräfte verschliffen werden

Fig. 36.

können, bei nur 1300 mm Steindurchmesser. Zum Schleifen wird *kein Wasser aufgespritzt*; denn es genügt für gewöhnlich das gebrauchte Druckwasser der Preßzylinder.

Die Hauptvorteile dieser Schleifer bei Ausnützung großer Kräfte sind: Kleinste Anlagekosten, besonders, wenn die Schleifer direkt auf die horizontale Turbinen- oder Dampfmaschinenwelle gesetzt werden können; sodann geringster Kraftverlust und große Leistung bis 15 kg pro Tag und Pferdekraft, sehr wenig Raffineurstoff, fast kein Wasserverbrauch und leichte Bedienung; denn ein Mann bedient bequem 600 Pferdekräfte. Die Schleifsteinbreite beträgt für 200—250 Pferdekräfte und den oben angegebenen Durchmesser 550 mm, bei 500 mm Schleifbreite und für 250 bis 300 Pferdekräfte 700 mm respektive 650 mm.

Diese erprobten, extraschweren, bestens empfohlenen Schleifer schleifen einen feinen, langen, geschmeidigen und sehr griffigen Stoff.

Ein kleiner Kron'scher Schleifer mit einem Stein von 1100 mm Durchmesser und 550—700 mm Breite macht 180 Umdrehungen per Minute, arbeitet demnach mit einer Umfangsgeschwindigkeit von 630 m oder 10,5 m per Sekunde und hat eine Leistungsfähigkeit von 4500 bis 5000 kg lufttrockenen Stoff.

Es wird viele meiner Fachgenossen interessieren, zu erfahren, daß Golzern bereits folgende Anlagen seiner Warmschleifer gemacht hat:

2 Anlagen für Frankreich zur Ausnutzung von 600 und 800 Pferdekräften,
2 Anlagen für Spanien zur Ausnutzung von 400 Pferdekräften,
2 Anlagen für Italien zur Ausnutzung von 300 und 400 Pferdekräften.

Außerdem sei der Vollständigkeit halber noch erwähnt, daß die Maschinenbauanstalt Golzern auch Schleifer baut, die für Warm- und Kaltschliff eingerichtet sind und von denen Figur 36 ein Bild zeigt. Bei diesen sind vier Pressen angeordnet, ebenfalls mit Akkumulatorbetrieb, und zwar ist in diesem Falle der Akkumulator direkt am Gestell befestigt; jeder einzelne Schleifer hat demnach seinen eigenen Akkumulator. Der Apparat erfordert 100—150 Pferdekräfte. Der Antrieb geschieht hier, wie auch bei vielen der anderen Golzerner Schleifer, durch Seilbetrieb.

Dies galt vor etwa 10 Jahren; seitdem hat sich der Warmschliff immer weiter verbreitet, und ebenso baut man die Großkraftschleifer immer noch größer; hat man doch schon solche — wie von Bautzen — längere Zeit im Betrieb, welche mit nur zwei Pressen, während eine dritte immer gefüllt in Reserve steht, 750 eff. PS. verbrauchen und dann in 24 Stunden 9000 kg und noch mehr Holzstoff liefern. Dann haben die Schleifsteine aber auch bei 1400 mm Durchmesser 1100 mm Breite; dies im Verein mit den neuen Zentrifugalsortierern ermöglicht es, die vorhandene Kraft noch weit besser auszunutzen; während man bis dahin sehr zufrieden war, auf die Herstellung von 100 kg lufttrocken gedachtem Stoff in 24 Stunden im ganzen 7—8 eff. PS. nötig zu haben, kommt man nun schon mit 6 eff. PS. event. noch weniger aus.

Nach dieser längeren Abschweifung über den Warmschliff kann nun in der weiteren Beschreibung des Raffineurs folgendermaßen fortgefahren werden, im Anschluß an das zuletzt auf Seite 44. Gesagte:

Aus Figur 32 ist noch zu ersehen, daß der Antrieb des Raffineurs, respektive der senkrechten Läuferwelle von unten aus mittels Riemenscheibe und konischen Rädern erfolgt. Diese Welle geht durch den Bodenstein hindurch und wird daselbst durch eine Stopfbüchse abgedichtet; das obere Ende der Welle endigt genau wie bei dem Mühleisen der Mahlgänge in einen viereckigen, konischen Zapfen, der in eine entsprechende Vertiefung eines gußeisernen Kreuzes paßt, welches in der Mitte des Läufers eingesetzt und eingegossen ist. Dadurch wird bei Drehung der vertikalen Welle der auf dem Mühleisen ruhende und durch sein Gewicht fest aufdrückende Läufer mit herumgenommen und so die mahlende Arbeit ausgeführt.

Die Steine besitzen in der Regel einen Durchmesser von 1,200—1,400 m, wobei der in der gußeisernen Pfanne durch Schwefel eingegossene Bodenstein 300 mm stark ist, während der Läufer, der sich stärker abnutzt, 500 mm Dicke hat. Letzterer wird noch mit 2 starken schmiedeeisernen Bändern versehen, da er ca. 160 Umdrehungen pro Minute macht und bei seinem großen Gewicht eine bedeutende Zentrifugalkraft entwickelt, also großes Unglück anrichten könnte, wenn er zerspringen, oder wenigstens einzelne Teile von ihm abfliegen würden.

Die Hauptsache vor der Benutzung eines Raffineurs ist nun, daß die beiden aufeinander mahlenden Flächen nicht nur genau abgerichtet sind, so daß sie überall ganz genau aufeinander aufliegen, sondern, daß sie auch eine sogenannte „Schärfung" erhalten haben. Diese ist zwar nach den verschiedenen Ansichten und Erfahrungen in den meisten Fabriken verschieden, besteht aber in der Haupt-

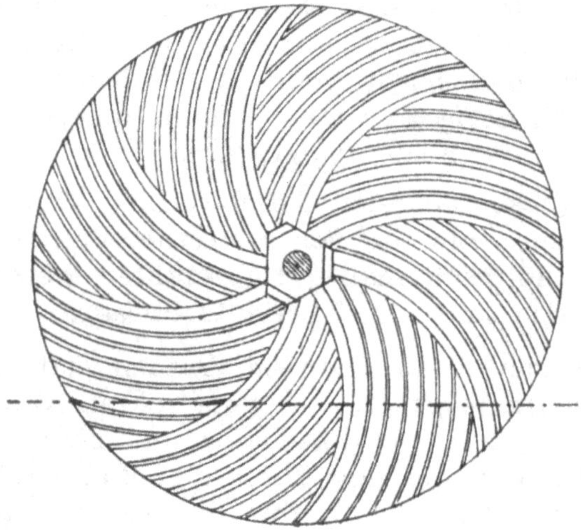

Fig. 37.

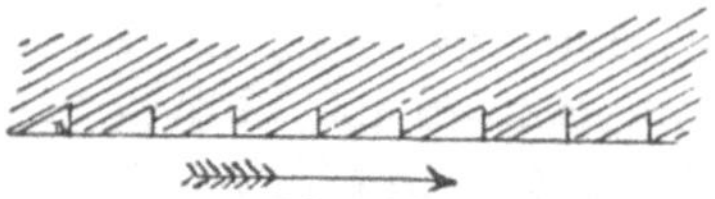

Fig. 38.

sache darin, daß man gerade oder gebogene Rinnen in die Mahlflächen arbeitet, so daß eine große Anzahl scharfer Kanten entsteht, die beim Zusammenarbeiten, d. h. bei der Vorüberbewegung, als Messer wirken und eine Art Scherenschnitt ausüben. Da der Stoff durch die Mitte des Läufers eingeführt und bei der Arbeit zentrifugal nach dem Umfang hinausgetrieben wird, so muß man aus diesen und anderen Gründen den Bodenstein anders schärfen als den Läufer. Eine sehr gebräuchliche Schärfung ist nun folgende, welche Fig. 37 zeigt und für den Bodenstein gilt: Die ganze Fläche wird in acht Teile geteilt und durch breitere Furchen, die sogenannten Luftfurchen, diese Teilung gekennzeichnet. Diese Furchen sind schwach gekrümmt und laufen nicht ganz radial, sondern tangential auf einen kleineren Kreis. Parallel diesen Hauptfurchen laufen nun in jedem einzelnen Teile wiederum 8 immer kürzer werdende Furchen, wobei zu beachten ist, daß die Schärfen, d. h. die rechtwinklig zur Mahlfläche liegenden Flächen, so stehen, wie der Pfeil anzeigt, der die Drehrichtung des Läufers bedeutet.

Die dazugehörige Läuferschärfung zeigt Fig. 39. Sie ist in der Hauptsache wie die obige, nur mit dem kleinen Unterschiede, daß die 8 Hauptteile nicht mit 8, sondern je mit 9 schwächeren Furchen versehen sind, also die Schärffurchen etwas enger aneinander stehen. Außerdem muß in der Mitte eine ca. 400 mm weite größere Vertiefung, die sogenannte Pfanne, gelassen werden, damit sich der von oben durch die Mitte des Läufers eingeführte Stoff etwas ansammeln kann, ehe er sich in die einzelnen Furchen verteilt. Wie erwähnt, sind die beiden Schärfungen des Bodensteins und des Läufers, von oben betrachtet, also nahezu gleich. Legt man jedoch die beiden Mahlflächen aufeinander und bewegt den Läufer in der Pfeilrichtung, so sieht man, daß die einzelnen scharfen Kanten scherenartig gegeneinander arbeiten und demgemäß auch den Stoff zerkleinern. Außerdem kann man beobachten, wie die Art der Schärfung sein muß bei einer gegebenen Läuferrichtung. Arbeiten die Schärfen so, wie es sein soll, gegeneinander, so muß der Stoff dem Umfang zugeschoben werden, da er auch am Umfange austritt und von da abgeleitet wird. Ist die Schärfung falsch, so wird der Stoff nach der Mitte zu hereingezogen und würde zwar schließlich auch am Umfange austreten, wenn der neu hinzukommende Stoff den anderen dorthin drängen würde. In diesem Falle jedoch würde sehr oft Verstopfung eintreten, was überhaupt nicht ganz zu vermeiden ist. Der Stein hebt sich dann allein in die Höhe und kann nicht mehr arbeiten, der Widerstand wird zu groß, und der Stoff fängt an zu rauchen.

Eine andere Steinschärfung für die Raffineure ist der

Messerlage bei dem sogenannten Patent- oder Zentrifugalholländer fast genau nachgebildet. Sie hat geradlinige Furchen und ist in Fig. 40 abgebildet.

Der Läufer ist hier in 8 Hauptteile geteilt, während man beim Bodenstein 9 Teile nimmt. Die Schärfung soll für 2 Monate aushalten, ohne daß man sie zu erneuern nötig hätte.

In einer anderen großen Holzschleiferei schärfte man die nur 1,1 m Durchmesser habenden Raffineursteine ähnlich so, wie Fig. 41 zeigt, und teilt in diesem Falle die Mahlfläche in 12 Teile und versieht jeden Teil wieder mit 6 Stück Schärfen, die den Luftfurchen parallel laufen.

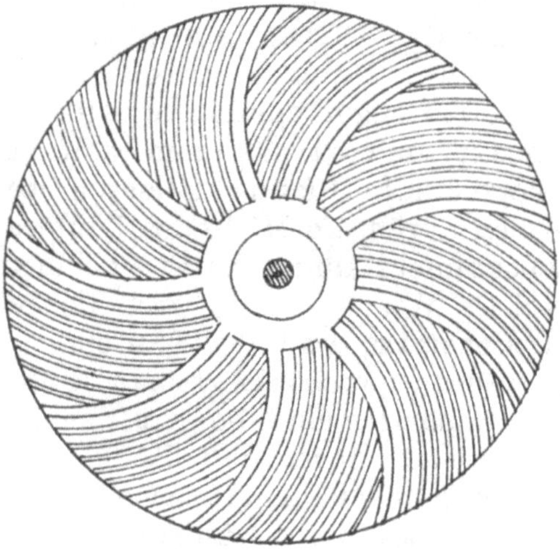

Fig. 39.

Eine außergewöhnlich haltbare Schärfung zeigt die Fig. 42. Daselbst ist der Umfang in nur 6 Hauptteile geteilt; jeder Teil aber hat 16 feinere Riefen, und zwar sind die sämtlichen Furchen stärker gekrümmt, als die in Fig. 33 und 37 dargestellten. Die genaue Einteilung zeigt Fig. 43, woraus ersichtlich, daß die Furchen alle mehr strahlen- oder fächerförmig angeordnet sind.

Außerdem aber durchschneiden noch parallel zueinander gehende gerade Furchen das erste System, so wie es die Fig. 43 zeigt. Auf diese Weise ist die ganze Mahlfläche in lauter kleine Rhomboide eingeteilt, und es ist natürlich, daß durch die dadurch bewirkte Erhöhung der Schneidekanten auch eine verhältnismäßig größere Leistungsfähigkeit erreicht wird. Bei sich gleichbleibender Stoffmenge bedeutet dies eine längere Haltbarkeit der Schärfe, da die Kanten entsprechend weniger abgenutzt werden.

Der Bodenstein ist in diesem Falle genau so geschärft, nur mit dem kleinen Unterschied, daß man die Mahlfläche dort statt in 12, in 13 Teile teilt.

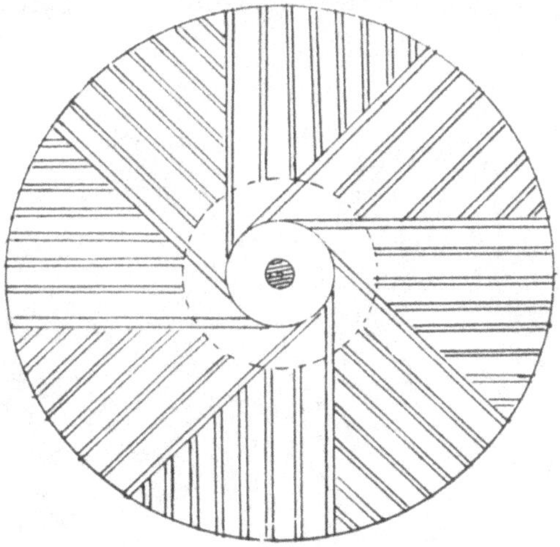

Fig. 40.

Ein solcher Raffineur soll 3 Monate im Gebrauch sein, ehe er frisch geschärft zu werden braucht, während der nach Fig. 40 behandelte, wie schon gesagt, nur eine zweimonatige Dauer hat.

In einem Beiwerke derselben Fabrik, in welcher die nach Fig. 43 eingeteilten Steine benutzt werden, schärft man die Raffineure anders, besonders ohne die geradlinigen Riefen. Dort sollen die Steine nur ein Drittel der Zeit aushalten; trotzdem aber verändert man ihre Schärfung nicht und macht sie der in der Hauptfabrik eingeführten gleich, sondern arbeitet ruhig in dem angenommenen Geleise weiter. Wenn ich nun hinzufüge, daß die von mir persönlich erprobte Schärfung nach Fig. 37 und 38 in der Regel nur einige Wochen Bestand hatte, ich aber trotzdem kein anderes System einführte, so wird man schon daraus ersehen, daß die langsamere oder schnellere Abnutzung der Steinschärfen fast garnicht von ihrer Form abhängt, sondern vielmehr von der ganzen Art des Betriebes und der vorhandenen Maschinen. Hauptsächlich kommt es darauf an, ob Jemand einen forcierten Betrieb hat und so viel als möglich fertig bringen will, oder ob er mehr auf Herstellung eines guten, feinen Holzstoffes bedacht ist, wobei die Quantität erst in zweiter Reihe steht. Im ersten Falle wird er mit möglichst scharfen Steinen arbeiten, d. h. die Defibreursteine oft schärfen lassen.

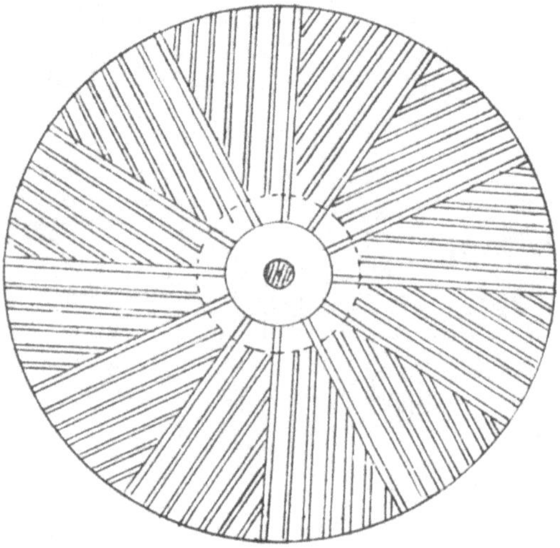

Fig. 41.

Dadurch werden natürlich mehr Splitter erzeugt, so daß es notwendig ist, mehr Stoff nachträglich zu raffinieren, als dies sonst geschehen würde. Außerdem kommt es darauf an, welche Lochnummer die betreffende Fabrik bei ihren Schüttel-Sortierapparaten und welche Siebnummer sie bei den Ueberzügen ihrer Zylinder-Sortierapparate benutzt. Davon hängt natürlich die Menge des zurückgehaltenen Stoffes, der dann dem Raffineur zugeführt werden soll, bedeutend ab. Einfluß hat ebenfalls der Umstand, ob bei Spritzwasser stark oder schwach gearbeitet wird, ob bei Zylinder-Sortierapparaten der Stoffüberfall hoch oder tief steht, und hauptsächlich, ob die betreffende Fabrik im Verhältnis zu ihren Schleifern mehr oder weniger Raffineure zur Verfügung hat und ob deren Steine klein oder groß, leicht oder schwer sind. Durch die oben erwähnten verschiedenen Ursachen verändert sich die Menge des entstehenden groben, also zu raffinierenden Stoffes, also die Arbeit der Raffineure, und andererseits die Arbeitsleistung jedes einzelnen Raffineurs. Damit hängt natürlich auch innig die Abnutzung der Mahlflächen zusammen, resp. die Dauerhaftigkeit der Schärfen. Es ist demnach mit Gewißheit gar nicht zu sagen, welche Form der Schärfung die beste ist; sondern man wird darauf sehen, daß man eine wählt, welche nicht zu schwierig herzustellen ist.

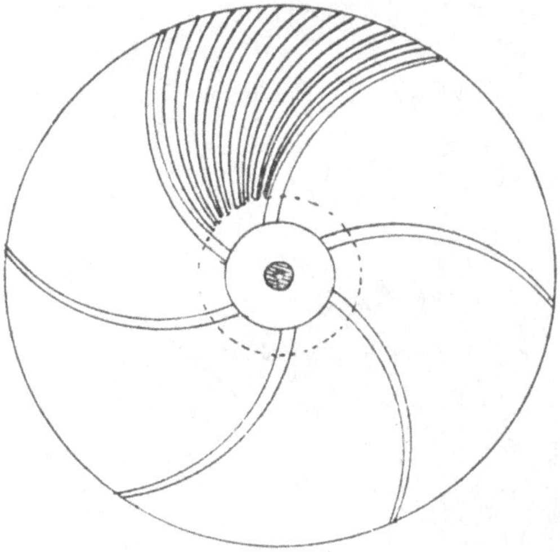

Fig. 42.

Viel größeren Einfluß auf die Haltbarkeit der Mahlflächen hat das Material der Raffineursteine. Hier muß zunächst bemerkt werden, daß nicht nur in Sachsen, sondern auch in den meisten anderen Ländern zu den Defibreuren, sowie auch zu den Raffineuren ein nicht zu feiner Sandstein benutzt wird, und zwar hauptsächlich Sandstein aus Pirna an der Elbe.

Schon seit einer längeren Reihe von Jahren ist aber mit Vorteil, besonders für Raffineure, ein Lavastein zur Anwendung gekommen, wie er in Andernach a. Rh. gebrochen und von Franz Xaver Michels dort in den Handel gebracht wird. Obgleich diese Steine viel teurer sind (sie kosten pro Satz ab Andernach 285 Mk. und ca. 100 Mk.

Fracht, bei 1400 mm Durchmesser und 500 mm Läuferhöhe), so sind sie doch deshalb vorteilhaft, weil ihre Härte und infolgedessen ihre Haltbarkeit unverhältnismäßig größer ist, und dadurch außerdem die wiederholten Stillstände wegen öfteren Schärfens und etwaigen Auswechselns vermieden werden. Andererseits ist diese Härte zwar und die damit verbundenen Uebelstände der Grund gewesen, weshalb man diese Steine in manchen Fabriken wieder weggeworfen hat, oder von ihrem weiteren Bezuge absah;

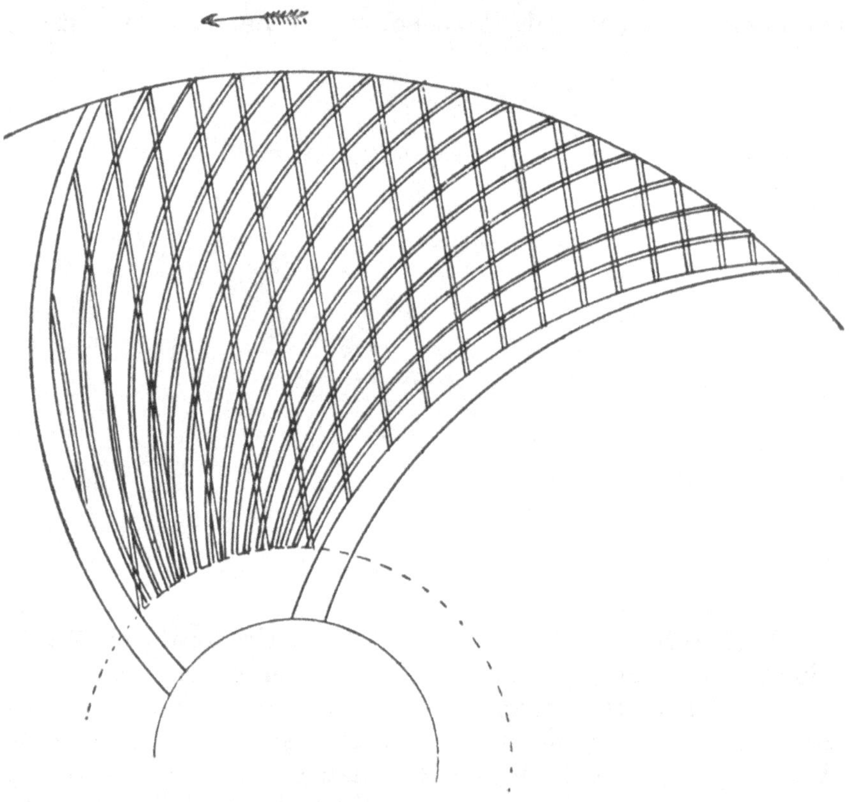

Fig. 43.

ich selbst aber habe, trotzdem ich dieses wußte, ebenfalls Versuche damit gemacht, welche glänzend ausfielen. Da die Steine allerdings viel härter und schärfer sind als Sandsteine, so ist es nicht notwendig und sogar schädlich, wenn man die Schärfung der Steine, die ja nicht ganz zu vermeiden ist, so anbringt, wie bei den weichen Steinen. Das

Resultat verschiedenartigster Versuche ist folgendes, wie Fig. 44 zeigt:

Es ist zuerst notwendig, eine große und tiefe Schüssel a bei den Lavaläufern anzunehmen. Ferner ist es zu empfehlen, wenn man die Luftfurchen ganz wegläßt und die Mahlfläche nur in 12 Teile teilt und jeden einzelnen Teil wieder mit 8—10 parallel laufenden, gekrümmten Riefen versieht. Die Hauptsache jedoch ist, die Schärfen selbst gerade umgekehrt so anzubringen, wie sie bei den Sand-

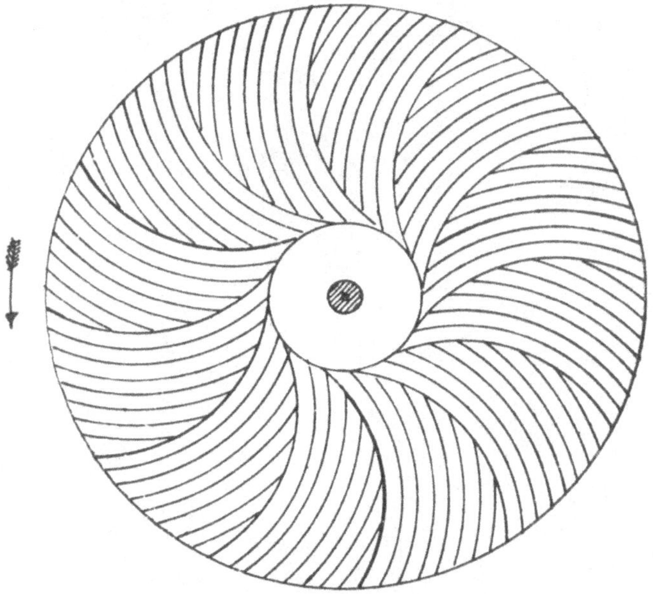

Fig. 44.

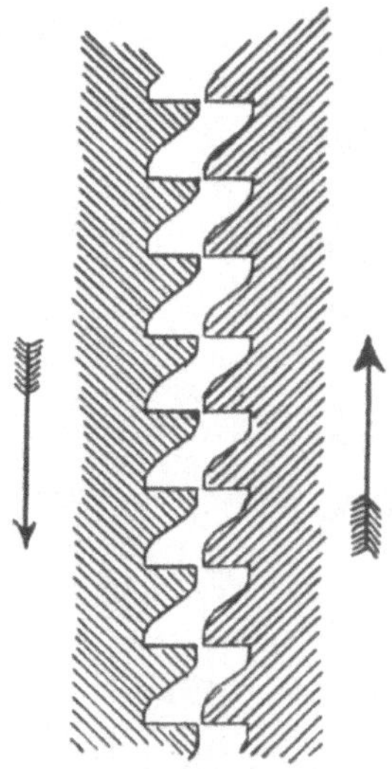

Fig 45.

steinen bisher angenommen wurden, d. h. die Schärfen sollen nicht gegeneinander arbeiten, sondern die abgerundeten Rücken, wie der Durchschnitt Fig. 45 zeigt. Auf diese Weise wird die natürliche Schärfe des Steines gemildert, der Holzstoff wird nicht unnötig angegriffen und die Dauerhaftigkeit noch erhöht, da keine scharfen Kanten erhalten zu werden brauchen. Diese Lavaraffineure arbeiten sehr gut, verstopfen sich fast niemals und nutzen sich nur unbedeutend ab, so daß es sehr vorteilhaft war, nach und nach die Sandsteinraffineure durch solche aus Lava zu ersetzen.

Da es immerhin notwendig ist, auch bei den besten Steinen von Zeit zu Zeit eine Auswechselung der schweren

Läufer oder Bodensteine vorzunehmen, so seien jetzt noch die dazu notwendigen Vorrichtungen erwähnt.

Hauptsächlich gehört dazu in der Regel ein entsprechend starker Laufkrahn, der über das ganze Lokal hinweggeht, in welchem die Raffineure stehen und mittels welchem die Steine von ihrem Platz gehoben und an einen anderen Ort befördert werden können, um dort frisch ge-

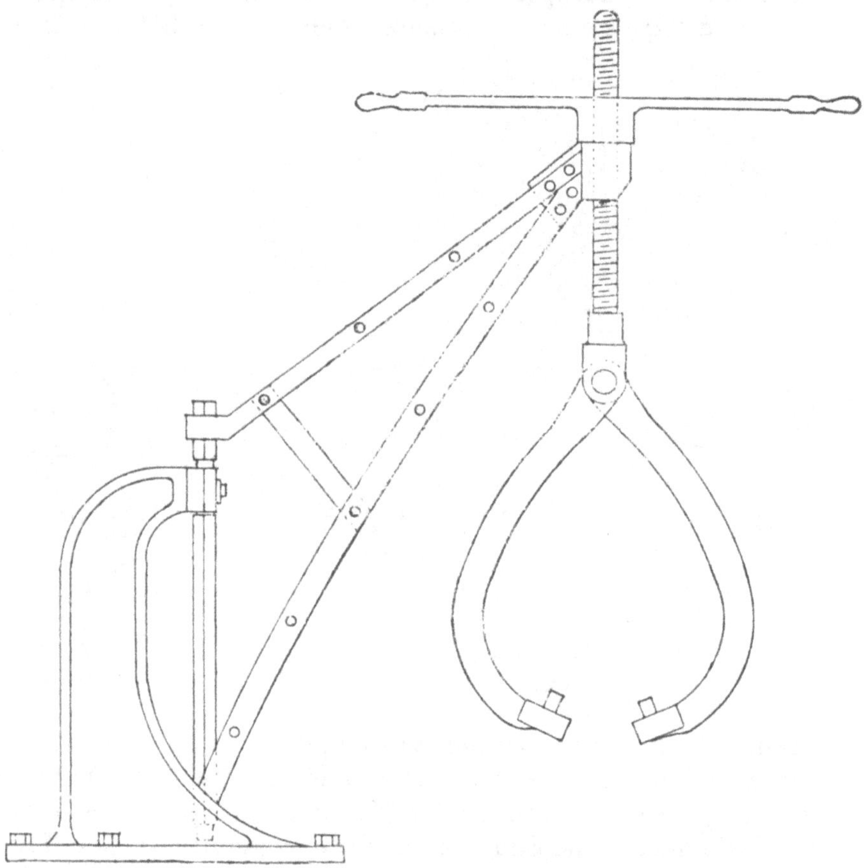

Fig. 46.

schärft zu werden. Da man in der Regel einen oder mehrere Reservesteine zur Verfügung hat, so erfolgt die Schärfung selbstverständlich vorher, so daß z. B. direkt nach dem Abheben des niedergemahlenen Steines das Auflegen eines neuen mittels des Krahnes erfolgen kann. An Stelle des Laufkrahnes nimmt man auch oft einen gewöhnlichen

Krahn aus Schmiedeeisen, der so zwischen zwei Raffineuren aufgestellt ist, daß er nur links oder rechts gedreht zu werden braucht, um genau über dem abzuhebenden Stein zu stehen. Einen solchen Kran zeigt die Skizze: Fig. 46.

Die Abhebung erfolgt hier nicht durch eine Windevorrichtung, sondern, da es sich um eine geringe Höhe handelt, durch eine starke Schraube. Der Hauptteil ist eine große Zange, welche den Stein umschließt und die an ihren Enden zwei kurze, dicke Zapfen hat. In den Stein sind gegenüberliegend zwei viereckige eiserne Kapseln eingelassen, die 2 Löcher besitzen, in welche die

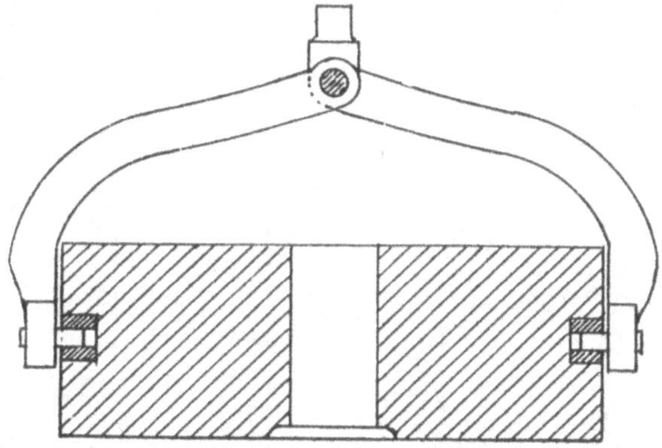

Fig. 47.

Zapfen genau hineinpassen. Durch Herumdrehen des Handhebels senkt sich die Zange so weit, bis die Zapfen eingreifen, und durch umgekehrtes Drehen hebt sie sich, und das Gewicht des Steines preßt die Schenkel derselben so fest zusammen, daß ein Herausgleiten der Zapfen aus den Löchern nicht möglich ist, man den Stein mittels der Schraube beliebig hochheben kann und nach Seitwärtsdrehen des Krahnes auch noch den Stein in den Zapfen zu drehen vermag. Das ist notwendig, weil die zu schärfende Mahlfläche z. B. beim Läufer nach unten gekehrt ist. Sobald die Fläche nach oben gekehrt ist, schiebt man nur 2 Holzböcke unter, lockert die Zange, dreht sie weg und hat so den stumpfen abgemahlenen Stein wie einen Tisch vor sich, auf dem man dann durch einen Spitzhammer die Furchen wieder beliebig vertiefen kann. Das Einlegen des neuen Steines erfolgt auf dieselbe Weise.

Der Bodenstein, welcher doch in die eiserne Pfanne mit Schwefel eingegossen ist, muß allerdings an Ort und Stelle geschärft werden, nachdem der Läufer abgehoben wurde. Seine Mahlfläche ist ja nach oben gekehrt. Nur wenn er ganz abgemahlen ist, so daß sich ein neuer Bodenstein notwendig macht, muß der umgebende Schwefel oder Zement herausgemeißelt werden, und er kann dann wie der Läufer herausgebracht werden.

Da besonders die Einsetzung des gußeisernen Kreuzes in einen neuen Läufer mit großer Genauigkeit gemacht

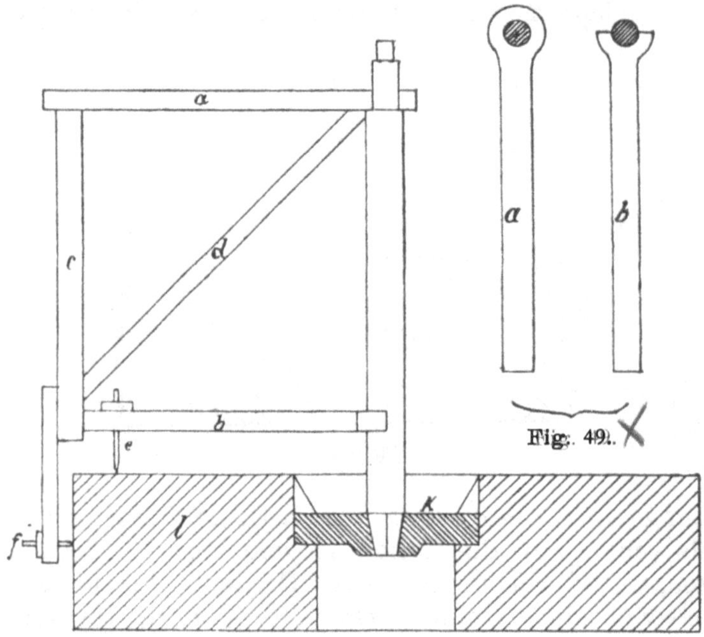

Fig. 49.

Fig. 48.

werden muß, da andernfalls bei der Drehung der Stein mehr oder weniger schleudern würde, so gebe ich hier noch ein Hilfsmittel dazu an.

Wenn der Läufer so hingelegt wird, daß seine Mahlfläche nach oben zeigt, so wird, wie in Fig. 48 ersichtlich, das gußeiserne Kreuz k möglichst genau so hineingepaßt, wie es liegen soll und in der Figur angegeben ist; dann steckt man das Mühleisen hinein, so daß der Zapfen desselben das obere Ende bildet, und steckt einen aus vier Latten a, b, c, d gebildeten Rahmen mit dem Schenkel a so über diesen Zapfen, daß derselbe einen Drehpunkt bildet, um welchen sich der Rahmen herum bewegen läßt. Fig. 49 zeigt noch die Form der beiden Schenkel a und b. Letzterer trägt noch gegen den Umfang des Steines zu eine verstellbare elastische Spitze e, gewöhnlich eine Federspuhle, und ebenso der verlängerte senkrechte Schenkel c eine solche Spuhle f. Wird nun der Rahmen herumgedreht, so muß dabei f den Umfang des Steines überall berühren und ebenso e die obere Mahlfläche. Ist das nicht gleichmäßig der Fall, so muß das Kreuz k so lange etwas nach links oder rechts verrückt oder auf der einen oder anderen Seite etwas untergelegt werden, bis die angegebene Bedingung überall erfüllt, das Kreuz also genau zentriert ist.

Sobald mit Hilfe dieser Einrichtung alle Punkte des Steines, obere Mahlfläche sowie Umfang, genau zentriert sind, wird das Kreuz mit Schwefel ausgegossen, der den Vorteil hat, in alle dünnen Fugen zu laufen und schnell zu erkalten und zu erhärten. Beim Bodenstein wird es geradeso gemacht. Da hier aber zu dem Ausgießen der Pfanne rings um den Stein herum eine größere Menge von Schwefel gebraucht wird, so kann man der Ersparnis wegen denselben auch mit reinem Flußsand vermischen. Die Haltbarkeit wird völlig genügen.

Was nun die eigentliche Arbeit mit dem Raffineur anbelangt, so ist dabei zunächst zu beachten, daß der zu mahlende Stoff nicht zu sehr mit Wasser verdünnt wird, sondern als dicker Brei zwischen die Mahlflächen kommt. Da der raffinierte Stoff in einer offenen Rinne seitwärts zu der über die Steine gedeckten Haube heraustritt, so kann man schon durch das äußere Ansehen und noch mehr durch das Gefühl mit der Hand erkennen, ob der Grad der erreichten feineren Vermahlung richtig ist oder nicht. Durch das seitwärts stehende Handrad kann, wie aus der Zeichnung ersichtlich, der Läufer nach Bedarf etwas gehoben oder auf den Bodenstein gesenkt werden, um den Stoff in die gewünschte Verfassung zu bringen.

Diese Raffineure mit senkrechter Achse sind nun immer mehr durch solche mit horizontaler Achse verdrängt worden, welche weit weniger Platz einnehmen, mehr leisten und in ihren Teilen viel zugänglicher sind. Erfunden hat diese Konstruktion E. Nacke in Coswig i. Sa., zunächst wohl hauptsächlich zum Raffinieren von Strohstoff; doch läßt er sich natürlich auch ebensogut für Holzstoff verwenden. Ausgeführt werden sie von der Maschinenfabrik J. M. Voith in Heidenheim a. d. Brenz, und andere Fa-

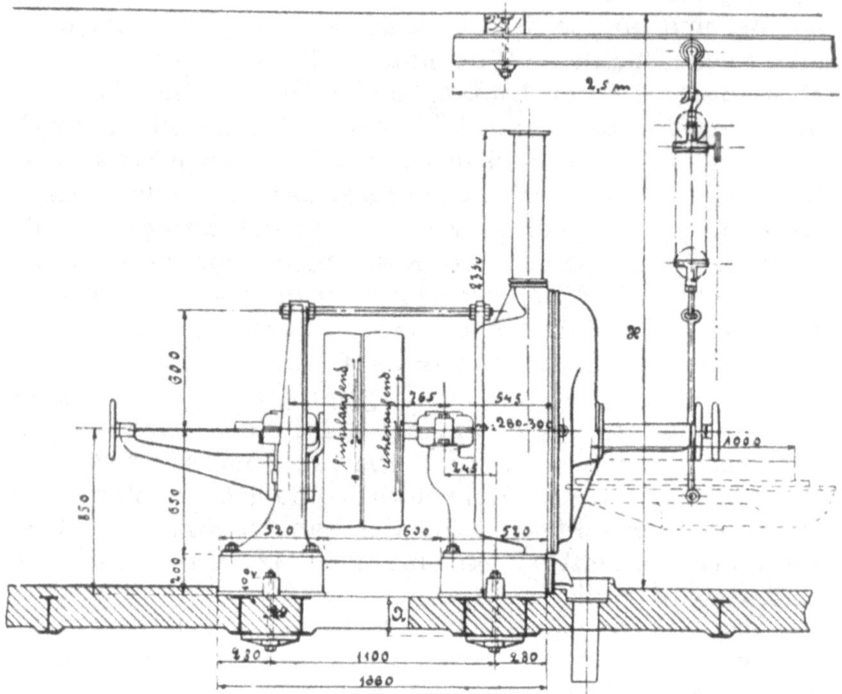

Fig. 50.

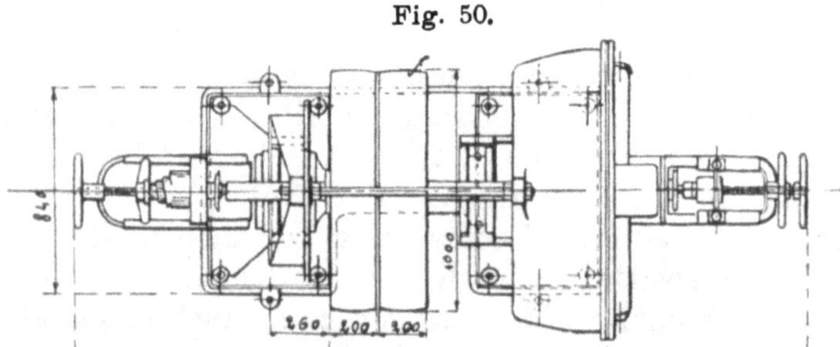

Fig. 51.

briken sind ihr darin nachgefolgt, so namentlich auch die Eisengießerei und Maschinenfabrik Akt.-Ges. in Bautzen.

Während Voith sie mit durchgehender Achse baut, welche an b e i d e n Seiten Einstellvorrichtung mit Spindel, Feder und Handrad hat, sitzt bei der Bautzener Fabrik die Läuferscheibe am Ende der Welle, welche also nur auf einer Seite die Einstellvorrichtung haben kann. Der Stoff kommt in möglichst dickem Zustande von oben und tritt im Zentrum des festen Steines ein, wird dann von der Läuferscheibe ergriffen, gemahlen und durch die Zentrifugalkraft nach der äußeren Peripherie der Steine getrieben, und tritt der raffinierte Stoff unten aus dem Apparate aus, um nach den Sortierapparaten geführt zu

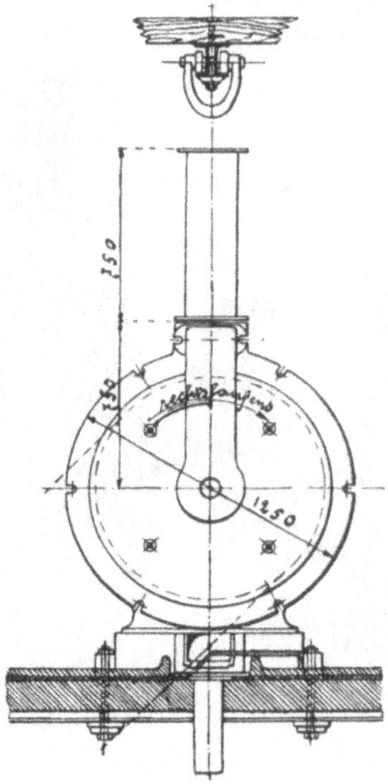

Fig. 52.

werden. Aller Stoff, der hier als noch nicht fein genug ausgeschieden wird, kommt wieder nach dem Raffineur zurück; man hat es nun mit den Einstellvorrichtungen ganz genau in der Hand, den Stoff so fein zu bekommen, wie man ihn haben will.

Ein Raffineur von Voith mit Steinen von 1000 mm Durchmesser — Fest- und Losscheibe haben denselben Durchmesser — braucht 20—30 PS. und kann den Stoff raffinieren, der je nach der Feinheit mit 200—500 eff. PS. erzeugt wird. Es sei hierbei nochmals darauf hingewiesen, daß durch die neuen Zentrifugalsortierer die Raffineure bedeutend entlastet werden, da ihnen von diesen nur der wirklich noch zu grobe Stoff zum Raffinieren zugeführt wird. Voith baut noch kleinere Raffineure von 700 mm Steindurchmesser, welche dann 12—15 PS. Kraft erfordern.

Vermittels eines Laufkranes kann man die eine Gehäusehälfte leicht abnehmen, und danach auch den Läuferstein, welcher öfters einmal geschärft werden muß, als der in der anderen Gehäusehälfte fest vergossene Stein, welcher aber ebenfalls mit dem Laufkran leicht abgenommen und dann nachgeschärft werden kann.

Fig. 52a.

Der raffinierte Stoff wird nun in einem Rohre nach einem tiefer stehenden Rührbottich geleitet und von da mittels einer sogenannten Stoffpumpe wieder in die Höhe gepumpt und in den Vorsortierer gelassen. Was nun noch nicht vollständig fertig raffiniert war, hält der Vorsortierer zurück und schafft es nochmals nach dem Raffineur; das übrige geht mit dem anderen guten Stoff seitwärts ab in die zweite, tiefer liegende Hauptrinne, von wo der Stoff nach verschiedenen nebeneinander stehenden Nachsortierern tritt. Diese sind ganz genau wie die Vorsortierer eingerichtet und unterscheiden sich nur dadurch von denselben, daß ihr Zylinder einen feineren Siebüberzug hat.

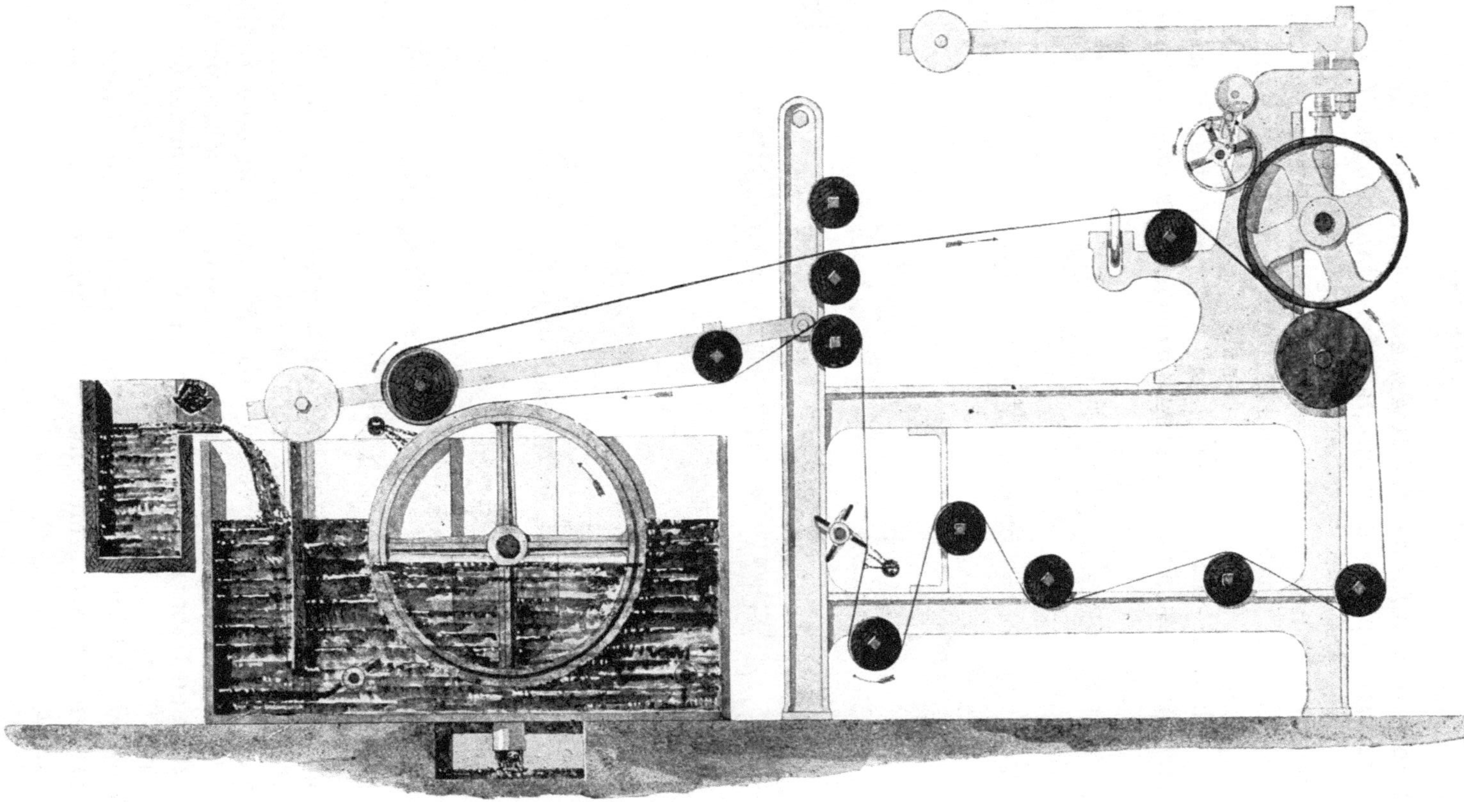

Fig. 53.

Man wählt dafür in der Regel zu weißem Holzstoff Siebnummer 14 und zu dem langfaserigen braunen Stoff No. 12. Der in den Nachsortierern zurückgehaltene Stoff fließt ebenfalls in den vorhin erwähnten Rührbottich und wird von dort nochmals in den Raffineur gepumpt, so daß ein fortgesetzter Kreislauf stattfindet.

Aus dem Nachsortierer tritt nun der fertige Holzstoff direkt in die sogenannte **Entwässerungs-** oder **Pappenmaschine**

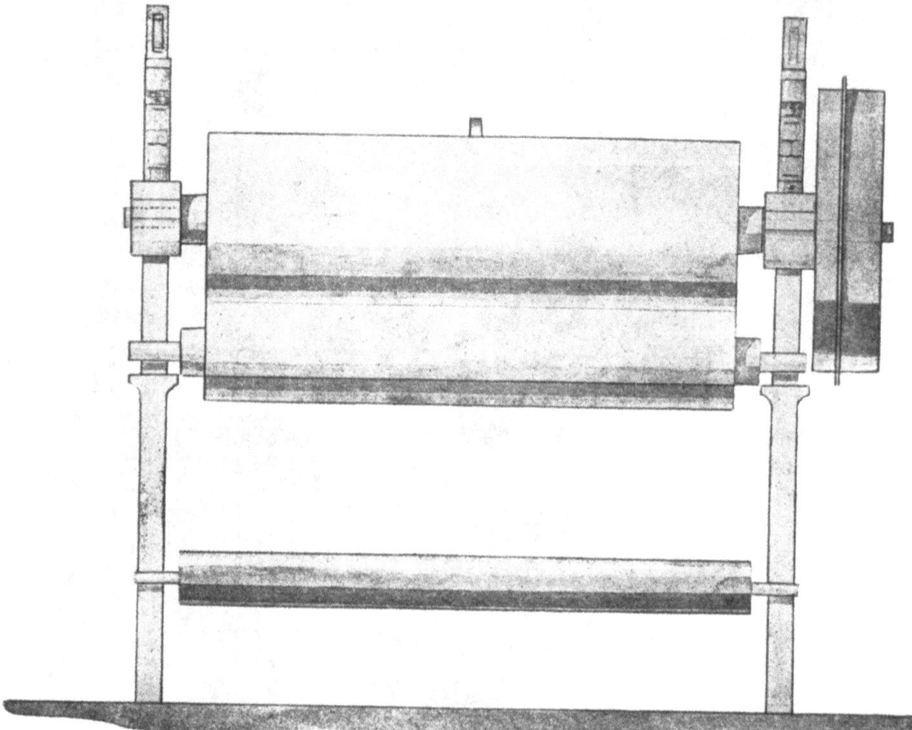

Fig. 54.

ein, deren Konstruktion die Zeichnungen Figg. 53, 54, 55 verdeutlichen. Hauptbestandteil ist der große Zylinder, welcher einen Durchmesser von 750 mm und eine Breite von 1,3 m hat, der an beiden Stirnseiten geschlossen ist und einen Ueberzug besitzt, der aus der Siebnummer 65—70 besteht, genau so, wie die Papiermaschinensiebe genommen werden. Bei der Verarbeitung von dem bedeutend längeren braunen Holzstoff muß man die weitere Nummer 35 anwenden.

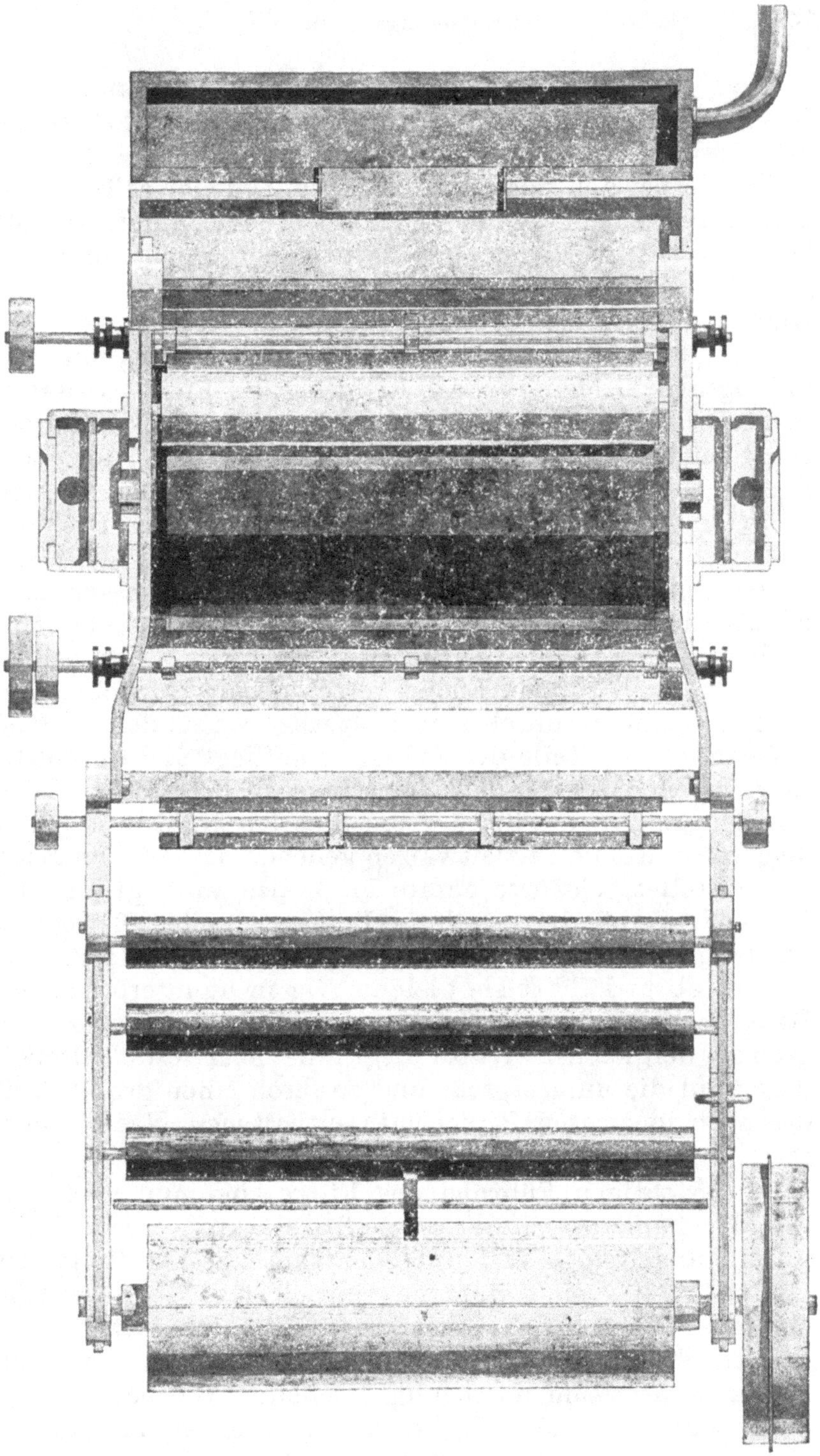

Fig. 55.

Der Siebzylinder liegt in einem großen hölzernen Kasten, in welchen der aus dem Nachsortierer kommende gute Holzstoff mittels eines Ueberfalles hineinfließt, aber nicht wie bei den Sortierern auf den Zylinder selbst, sondern nur in einen Vorkasten; damit er sich in dem Hauptkasten nicht zu Boden setzt, wird er durch 2 darin angebrachte Rührer fortwährend aufgerührt und dadurch eine stets gleichmäßige Verteilung im Wasser bewirkt. Der Zylinder taucht nun bis etwas über die Achse, die ihn in langsame Drehung in der Richtung des Pfeiles versetzt, in den Stoff ein, das Wasser dringt durch das Sieb hindurch, fließt seitwärts auf beiden Seiten wieder ab und der Stoff legt sich in papierartiger Schicht gleichmäßig an den Zylinderumfang an und wird von diesem bei der Drehung mit nach oben genommen. Direkt hinter dem Zylinderkasten befindet sich ein eisernes Gestell, an dessen dem Kasten zunächst gelegenen Teile auf jeder Seite der Maschine ein langer Hebel seinen Drehpunkt hat. Diese beiden Hebel tragen an ihren Enden verschiebbare Gewichte und sind in der Mitte durch eine Holzwalze verbunden, welche auf dem oberen Teile des Zylinders aufliegt und durch die Gewichte noch gegen denselben angedrückt wird, zugleich mit dem endlosen Filz, der um dieselbe geführt ist, und über verschiedene Filzleitwalzen gehend, auch die am Ende des Gestelles gelagerte untere Preßwalze umfängt. Dieser Filz, der durch die erwähnte Preßwalze seine Bewegung empfängt, hebt nun die auf dem Zylinder gebildete Papierschicht ab und führt sie gleichmäßig in ununterbrochener Bahn nach vorn der Preßwalze zu, auf welcher eine zweite größere dergleichen Walze liegt, die noch durch Hebeldruck auf die untere preßt und dadurch einen großen Teil des noch im nassen Papierblatt enthaltenen Wassers entfernt.

Zur richtigen Führung des Filzes sind nun noch wie bei der Papiermaschine verstellbare Spann- sowie Leitwalzen angebracht und außerdem am unteren Teile des Gestelles noch eine einfache Einrichtung, durch welche der Filz während des Ganges der Maschine fortwährend gewaschen wird, so daß seine Auswechselung nur in längerem Zeitraum notwendig erscheint. Sie besteht aus einer schnellgehenden Welle, die quer unter das Gestell hinweggeht und mehrere Flügel trägt, die heftig gegen den Filz anschlagen, während von der anderen Seite desselben durch ein Spritzrohr fortgesetzt frisches Wasser darauf trifft, welches den größten Teil der Holzstoffteilchen abspült, die bei dem Pressendurchgang an den Fasern des Filzes hängen geblieben sind.

Wie der Filz, so wird auch der Siebzylinder durch ein quer vorliegendes, kräftig wirkendes Spritzrohr fortgesetzt rein erhalten.

Auf die sich regelmäßig bildende und durch den Filz fortgeführte dünne Schicht Holzstoff drückt nun die obere Preßwalze direkt, die Schicht bleibt am Umfang der Walze kleben, wird mit herumgenommen und wickelt sich so ununterbrochen auf, bis sich nach und nach ein pappenartiger Ueberzug bildet, der bei einer bestimmten Dicke durch ein hölzernes oder kupfernes Messer abgeschnitten wird, auf einen vor den Pressen stehenden Tisch fällt und eine große Pappe bildet, deren Breite gleich der Breite des Siebzylinders und deren Länge gleich dem Umfange der oberen Preßwalze ist. Da das letztere Maß in der Regel zu groß ist, teilt man den Umfang gewöhnlich in zwei Teile.

Da es zur Erzielung eines möglichst gleichmäßigen Feuchtigkeitsgehalts der Pappen notwendig ist, dieselben auch möglichst gleichmäßig dick herzustellen, so hat man ein Alarmsignal konstruiert, welches durch Glockenschläge anzeigt, wann die vorgeschriebene Dicke der Pappe erreicht ist. Für die Arbeiter wäre es ja bequemer, die Pappe recht dick auflaufen zu lassen, da ihnen dann viel Arbeit erspart würde; aber je dicker eine Schicht nassen Holzstoffs wird, desto weniger vollständig läßt sich bei gleichem Gewichtsdruck das Wasser entfernen; die Pappen werden also bei zunehmender Stärke immer feuchter werden. Deshalb geht man auch in der Regel nicht über 2—3 mm. Die Gleichmäßigkeit wird durch folgenden kleinen Apparat erreicht.

Auf dem Walzengestell sitzt rechts und links ein kleines Böckchen, welches den Drehpunkt bildet für je einen gußeisernen Hebel, der durch eine Stellschraube eine etwas veränderte Lage gegen die obere Preßwalze erhalten kann. Beide Hebelenden sind durch eine dünne Welle verbunden, auf deren Mitte ein riemenscheibenähnliches Rädchen festgekeilt ist, welches den Umfang der oberen Preßwalze nahezu berührt. Durch Verändern resp. Drehung der Stellschraube wird der Abstand des Radumfanges von der Walze auf 2 oder 3 mm festgesetzt. So lange die sich auf der Walze durch Stoffaufwickelung bildende Pappe diese Dicke noch nicht erreicht hat, tritt auch der Apparat noch nicht in Tätigkeit; sobald jedoch das Rädchen von

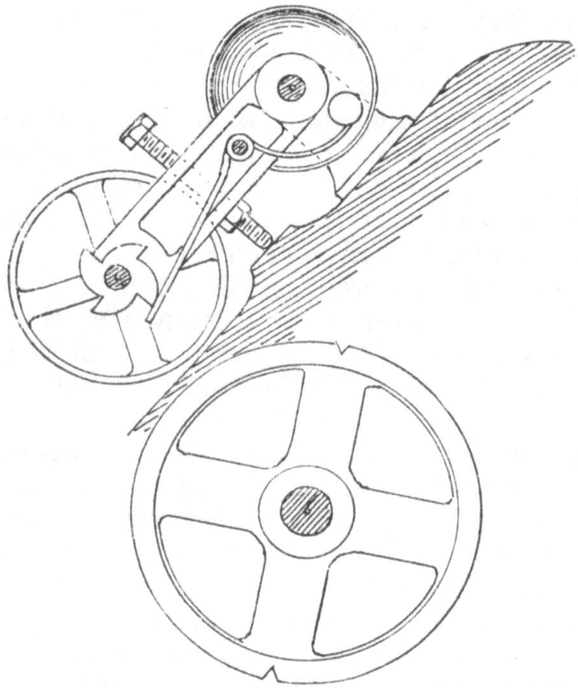

Fig. 56.

dem Stoff nur berührt wird, setzt es sich in drehende Bewegung, und dadurch wird ebenfalls ein am Ende derselben Welle sitzendes Schlagrad gedreht, das auf eine Feder trifft, deren anderes Ende als Klöppel auf eine Glocke schlägt und damit das Signal zu dem Abschneiden der Pappe gibt.

Neuerdings sind noch zwei Apparate zu dem gleichen Zweck konstruiert worden, bei denen von dem Gedanken ausgegangen wurde, die gleichmäßige Dicke der Pappen, respektive das gleiche Gewicht derselben dadurch zu erzielen, daß nach einer stets gleichen Umdrehungszahl der Formatwalze das Läutewerk ertönt und die Pappe abgeschnitten wird. Die erste Idee rührt von N. Trinks her und ist in der „Papierzeitung" 1897 in No. 76 beschrieben, während die andere in No. 2 des Günther-Staibschen „Wochenblattes" 1898 abgebildet und beschrieben ist und von Nomade herrührt.

Am Umfange der Hauptpreßwalze befinden sich zwei gegenüberliegende Vertiefungen, in welche man das Holzmesser einsetzt und mit demselben die feuchte Pappe abschneidet. Da dies gar keine so leichte Arbeit ist, so würde sich eine allzu dicke Pappe übrigens garnicht oder nur sehr schwer im Gange abschneiden lassen. Also auch dadurch würde es sich schon verbieten, daß durch etwaige Faulheiten der Arbeiter sehr starke, also feuchte Pappen hergestellt werden könnten. Immerhin aber kann der Spielraum so groß werden, daß es gerechtfertigt erscheint, mit Strenge auf Innehaltung der oben angegebenen Pappenstärke zu sehen.

Trotzdem die obere Preßwalze aus Eisen besteht, also ansehnliche Schwere hat, und trotzdem sie durch Hebel- und Gewichtsdruck gegen die untere eiserne Walze angepreßt wird, ist doch der durchschnittliche Trockengehalt des verkäuflichen Holzstoffes nur ca. 33 pCt. und geht sogar oft auf 30 pCt. oder noch weniger herab.

Wegen des verhältnismäßig so niedrigen Holzstoffpreises und besonders, weil sich ganz getrockneter Holzstoff schwer wieder auflöst und von den Papierfabriken garnicht oder nur ausnahmsweise gekauft wird, wird das absolute Trocknen von Holzstoff auf Trockenzylindern nur selten angewendet. Er wird meist feucht versendet, zwei Drittel der Fracht muß für Wasser bezahlt werden, und darunter leidet die Versendungsfähigkeit sehr stark. Es ist deshalb sehr natürlich, wenn der Fabrikant sich Mühe gibt, den normalen Feuchtigkeitsgehalt des Holzstoffes von 66 pCt. noch zu verringern, obgleich, wie gesagt, die spätere Entwässerung ziemlich schwierig ist. Man könnte ja die Preßhebel verlängern, oder die auf denselben verschiebbaren Gewichte vergrößern; doch dadurch wird noch nicht genug erreicht. Außerdem entsteht dadurch der Uebelstand, daß bei dem Abschneiden der Pappen, also in dem Moment, wo die obere Preßwalze um 2—3 mm heruntergeht, die Gewichtshebel zu sehr ins Schwanken kommen und dadurch nicht unbedeutende Stöße entstehen. Ich habe deshalb ein Holzmodell machen lassen, welches zwischen die Arme der oberen, hohlen Preßwalze genau hineinpaßte, und ließ danach eine Anzahl gußeiserner Segmente gießen, von denen jedes 135 kg. wog. Die eiserne Walze war an sich schon 250 kg. schwer. Die Belastungshebel hatten 600 resp. 10 250 mm

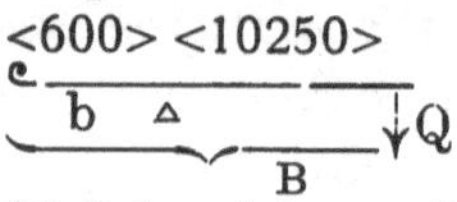

Länge, an deren Ende je ein Gewicht von 22,3 kg. hing. Nach der Formel

$$P : Q = B : b \text{ war der Druck}$$

$$P = \frac{Q \cdot B}{b}; \quad P = \frac{22{,}3 \cdot 1{,}085}{0{,}06} = 403 \text{ kg auf jeder Seite.}$$

Im ganzen also wurde der Stoff durch 800 kg + Walzengewicht 250 kg = 1050 kg ausgepreßt, und zwar auf zirka 33 pCt. Trockengehalt. Nachdem ich zunächst die Walze um zwei Segmente und später um vier solche, also um 540 kg, beschwert hatte, stieg der Trockengehalt auf zirka 40 pCt. bei der fortlaufenden regelmäßigen Arbeit, wodurch im Laufe der Zeit eine große Frachtersparnis erzielt wurde.

Aus dem Beispiel ersieht man, daß ein Druck von 1050 kg 33 pCt. Trockengehalt, und ein solcher von 1590 kg 40 pCt. Trockengehalt ergab. Hierbei beträgt die Gewichtzunahme 51 pCt., der nur eine Trockengehaltserhöhung von 21 pCt. gegenübersteht. In diesem Verhältnis würde eine weitere Gewichtserhöhung den Trockengehalt auch nur vermehren, dabei aber den Nachteil ergeben, daß sich die Filze der Pappenmaschinen unverhältnismäßig schnell abnutzen würden. Ich habe deshalb, um der Konkurrenz zu begegnen und weitere Frachtersparnis zu erreichen, die zusammengeschlagenen Holzstoffpakete direkt von der Pappenmaschine aus noch unter eine Schraubenpresse gesetzt und bis zu einem gewissen Grade nachgepreßt. Besser ist es noch, wenn eine starke hydraulische Presse zur Verfügung steht.

Durch diese Manipulation, die nur außer des Aufwandes für die Bleche, Arbeitslohn für einen Mann pro

Schicht bedurfte, wurde der Trockengehalt auf 50 pCt. und zuweilen noch darüber gebracht. Außer der großen Frachtersparnis hat man den Vorteil, daß die einzelnen Stoffpakete eine viel handlichere Form erhielten, regelmäßig und fast scharfkantig, nicht so leicht abbröckelten, daher beim Verladen auch weniger Verlust entstand.

Damit es deutlich wird, wie sich in der Praxis das Exempel gestaltet, sei eine Fabrik mit sechs Schleifern angenommen, welche eine Jahresproduktion von zirka 114 000 Zentnern hat, und deren jährliche Frachten ungefähr 30 000 Mk. betragen. Nimmt man nun an, daß die Holzfrachten, welche der Nähe des Waldes wegen nur in Fuhrlöhnen bestehen, ein Drittel, also 10 000 Mk., ausmachen, so bleiben für die Frachten des nassen und oft weithin zu versendenden Holzstoffes 20 000 Mk. übrig. Von diesen wären bei 33 pCt. Trockengehalt 67 pCt., also 13 400 Mk., für Wasser umsonst zu bezahlen. Die Fracht für den trockenen Holzstoff beträgt in Wirklichkeit nur 6600 Mk. Wird nun der Trockengehalt auf 50 pCt. erhöht, so würde bei ganz gleicher Produktion die Fracht für den trockenen Stoff wiederum 6600 Mk. betragen, für den 50 pCt., also ebensoviel Wasser enthaltenden aber das Doppelte, demnach 13 200 Mk. Die Ersparnis betrug folglich im Jahre 6800 Mk. In Wirklichkeit war die Ersparnis noch etwas größer, da der anfängliche Trockengehalt nicht der angenommene von 33 pCt. war, sondern nur 30—31 pCt. betrug.

Die Verladung des Holzstoffes in der am meisten gebräuchlichen, jetzt beschriebenen Pappenform, von der eine Anzahl Pappen in je ein Paket zusammengeschlagen ist, erfolgt meist ohne jede Verpackung. Auf dem Boden der Wagen oder des Eisenbahnwaggons wird nur eine Anzahl Pappen ausgebreitet, und darauf werden die Pakete geschichtet. Es ist nur bei der Beförderung mittels Wagen darauf zu sehen, daß der Stoff durch Planen zugedeckt wird, damit ihn nicht Staub verunreinigt und etwaiger Regen den Trockengehalt herabbringt und das Gewicht erhöht.

Außer der Pappenform stellt man an einzelnen Orten den Holzstoff als Schabstoff dar. In diesem Falle befindet sich auf der oberen Preßwalze, die ohne Nuten, also glatt ist, ein metallener Schaber, welcher verhindert, daß die durch den Filz herbeigeführte papierartige Schicht durch wiederholtes Herumgehen um die Walze eine Pappe bildet, sondern welcher den Stoff in der papierdünnen Schicht fortgesetzt abschabt, so daß er in einen vor den Walzen stehenden Kasten fällt. Von hier aus wird er zusammengedrückt in Säcke gefüllt und so zur Versendung gebracht. Die Vorteile dieser Form sind: Der größere Schutz gegen Verunreinigung und hauptsächlich die außergewöhnlich leichte Auflösung im Holländer bei der weiteren Verarbeitung zu Papier. Demgegenüber stehen aber als Nachteil: die teureren Anschaffungskosten der

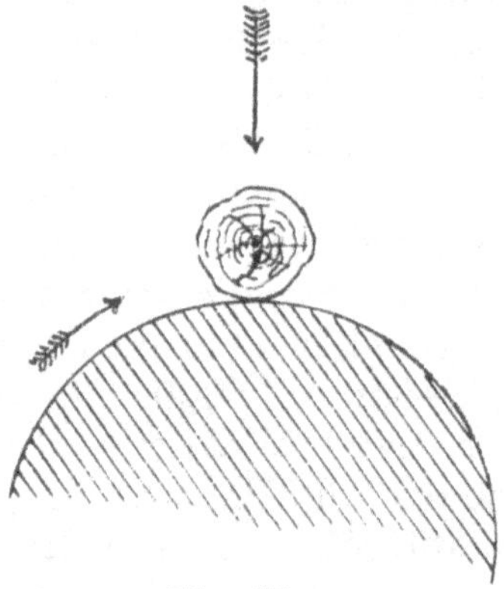

Fig. 57a.

Säcke und die schnelle Abnutzung derselben wegen Verfaulens.

Vorteilhafter ist es daher, wie es auch in manchen Fabriken geschieht, den durch den Schaber abgelösten Stoff als breite, papierartige Bahn um einen Holzkern zu führen und dadurch eine entsprechende dicke Rolle auflaufen zu lassen. Der Bolzen wird natürlich herausgezogen, so daß eine gerade noch handliche, d. h. nicht zu schwere Rolle von reinem Holzstoff übrigbleibt, die ohne weitere Verpackung verladen werden kann. —

Nach diesen verschiedenen äußeren Formen sei noch eine andere Form des Holzstoffes selbst erwähnt, nämlich der wertvollere **Längsschliff.** Bei dem gewöhnlichen Holzschliff liegen die zu verarbeitenden Holzklötze senkrecht zur Drehrichtung des Steines; die Holzfasern werden also seitwärts vom Holzstamme abgeschliffen, und zwar anfangs nur in einer mathematischen Linie, die sich aber zu einer breiten Fläche vergrößert, jemehr der Klotz abgeschliffen wird. Bis zur Mitte ist das Maximum erreicht und dann beginnt wieder eine Abnahme. Siehe Fig. 57 a u. b.

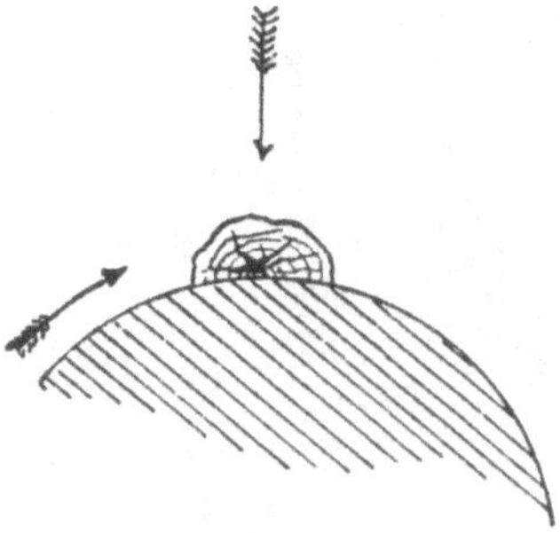

Fig. 57 b.

Während des Maximums bremst der Klotz den Stein am meisten, was außerdem den Nachteil hat, daß das Spritzwasser nicht so leicht an alle Punkte der Schleiffläche gelangen kann, was für gutes Mahlen und das Reinigen

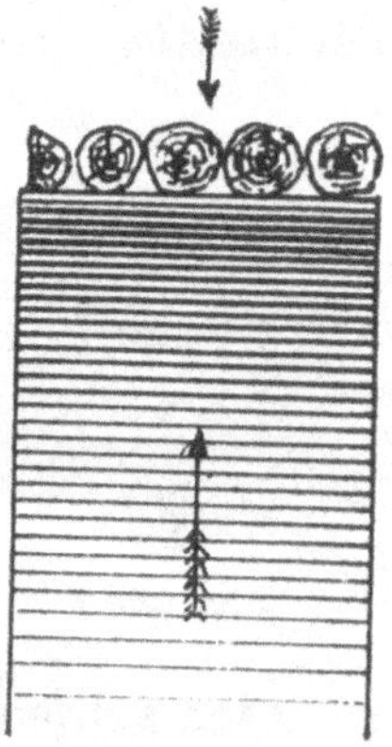

Fig. 58

und Abspülen des Steines von Wichtigkeit ist. Der Stoff ist verhältnismäßig sehr kurz und die Festigkeit des daraus gefertigten Papiers bekanntlich nur gering. Um ein festeres Papier zu erzielen, hat man schon seit langer Zeit versucht, eine etwas längere Holzfaser zu erhalten, und ist dies auch dadurch gelungen, daß man dieselbe in der Längsrichtung des Baumstammes abschliff. In diesem Falle werden gewissermaßen die parallel zur Längsrichtung liegenden Fasern mehr abgeschält, voneinander mehr abgezogen, so daß sie naturgemäß länger bleiben müssen. Dies geschah, wie schon erwähnt, dadurch, daß man die

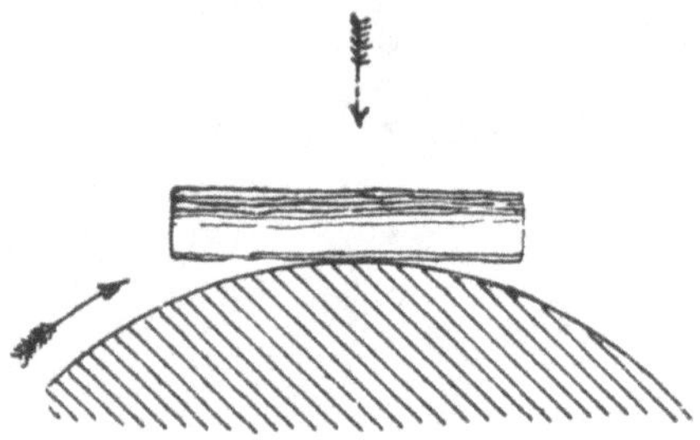

Fig. 59

Klötze nebeneinander nicht quer über den Stein, sondern in der Drehrichtung auf denselben legte und andrückte, so wie Figg. 58 und 59 zeigen. Dadurch ergab sich jedoch der praktische Uebelstand, daß die einzelnen Klötze so aufgearbeitet wurden, wie Fig. 60 zeigt. Hierbei fallen rechts und links vom Steine große Holzstücke ab und außerdem wird die gleichzeitig arbeitende Schleiffläche

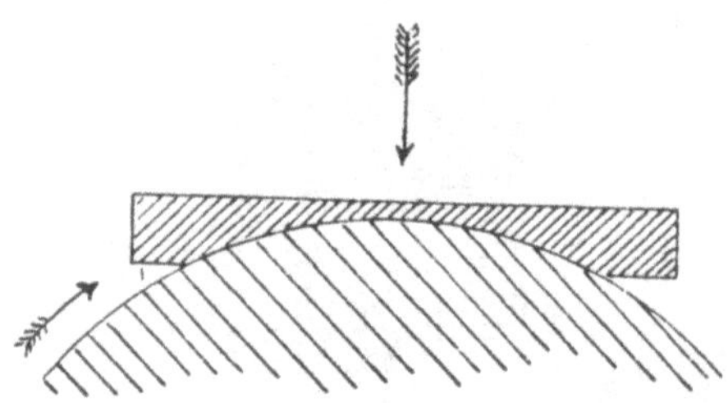

Fig. 60.

so groß, daß das Spritzwasser schlecht oder garnicht hindurch kann und die Poren des Steines sich mit Holzstoff verstopfen, der Stein also sehr leicht stumpf wird. Die Beseitigung dieses Uebelstandes erfolgte dadurch, daß man drei oder mehrere kleine Schleifsteine dicht hintereinander aufstellte und das zu schleifende Holz in ganzen Stammlängen oder wenigstens in Stücken von 4—5 Meter über sämtliche Steine hinweglegte und dem Holz eine hin und her gehende Bewegung gab. Die einzelnen Holzstämme wurden zu diesem Zwecke in einen langen, schweren eisernen Rahmen eingelegt, der durch eine Pleuelstange mit einer Kurbel verbunden war und von dieser die hin und her gehende Bewegung erhielt. Dadurch konnten die Stämme gleichmäßig abgeschliffen werden, die Steine blieben mit Ausnahme des obersten Teiles stets frei, konnten vollkommen abgespritzt werden und boten so dem Holz stets eine scharfe Fläche dar, wodurch die Produktion nur gewann. Diese Vorrichtung rührt von Freitag in Antonsthal bei Schwarzenberg her.

Später verbesserte H. Schmidt in Bockau dieses auf ihn übergegangene Patent, das schließlich die Form er-

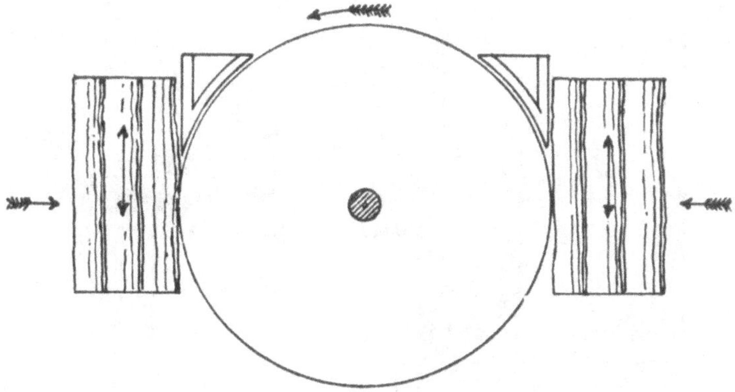

Fig. 61.

hielt, wie J. M. Voith in Heidenheim die Langschleifer jetzt baut und wie sie in verschiedenen Fabriken in der Neuzeit aufgestellt sind.

Zu jedem Schleifapparat gehört nur ein einziger Stein, der rechts und links je eine Presse hat, welche in einer Geradführung durch Kurbeln und Pleuelstangen langsam um so viel auf und nieder bewegt wird, als die Länge der Klötze beträgt. Um den Apparat nicht zu ungeschickt zu machen, ist diese Klotzlänge nur zu zirka 35 cm angenommen. Die anpressende Bewegung geschieht durch eine Preßplatte und Spindel, welche durch den Bewegungsmechanismus selbst in langsame, ruckweise Drehung versetzt wird. Diesen wichtigsten Teil des Schleifers zeigen die Skizzen Fig. 62—64. (Hofmanns Handbuch der Papierfabrikation.)

Hier ist O der eiserne Kasten, welcher im Querschnitt und Vorderansicht dargestellt ist und in welchen die zu schleifenden Klötze von oben senkrecht hineingestellt werden. Der Kasten ist oben durch eine Tür verschließbar. Die Hölzer werden direkt berührt durch die Preßplatte a, deren zylindrische Verlängerung als Kolben für einen Zylinder d dient, der fest mit der Rückwand des Preßkastens verbunden ist.

Eine Spindel c geht durch die Rückwand des Zylinders sowie durch den Kolben hindurch und befördert diesen und somit die Preßplatte a nach der Richtung des Steines

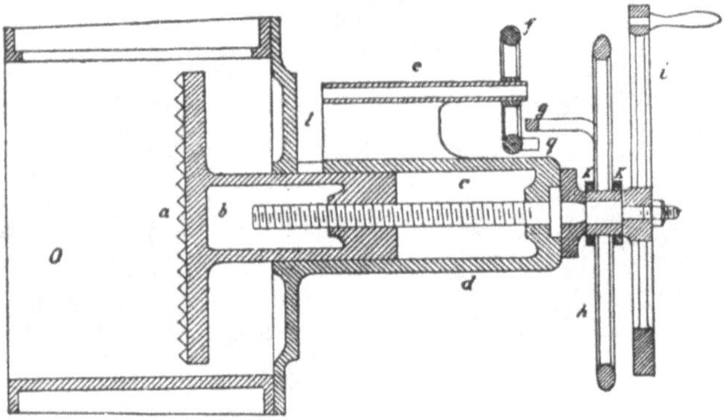

Fig. 62.

zu vorwärts, sobald die Spindel nach rechts gedreht wird, und rückwärts, sobald man sie nach links bewegt. Diese kontinuierliche regelmäßige Vorwärtsbewegung erfolgt nun selbsttätig folgendermaßen: Auf der verlängerten Spindel sitzt ein Sperrad h, auf dessen abgedrehter Nabe noch ein auf beiden Seiten gleich langer gebogener Hebel k schwingt, der mit dem Sperrkegel m verbunden ist. Dieser Kegel greift in das Sperrad ein und, sobald der Hebel k bei der Auf- und Abwärtsbewegung des Kastens links oben oder rechts unten an einen verstellbaren Stift anstößt, wird das Schaltrad um einen Zahn durch den Kegel m weitergeschoben, wodurch die Spindel etwas gedreht und die Preßplatte entsprechend vorgeschoben wird. Sobald diese Vorwärtsbewegung so weit erfolgt ist, daß der Stein nahezu berührt wird, also der Holzvorrat aufgebraucht ist, rückt sich die Vorrichtung allein aus, und mit Hilfe der Kurbel i dreht man die Spindel linksherum und bringt die Preßplatte wieder in ihre erste Lage, damit der Kasten aufs Neue mit Holz gefüllt werden kann. Das erwähnte

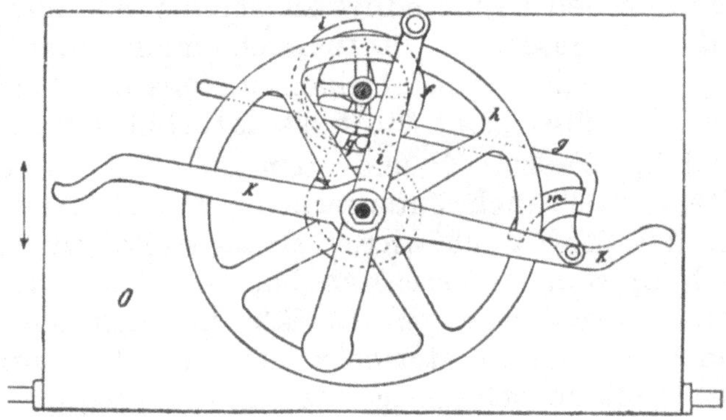

Fig. 63.

selbsttätige Ausrücken erfolgt nun so, daß die eigentümlich gestaltete Ausrückklinke l mit dem Vorsprung p, der bisher auf dem Kolben b geglitten ist, eine rückschlagende Bewegung macht, wodurch das Rad f, welches sich auf

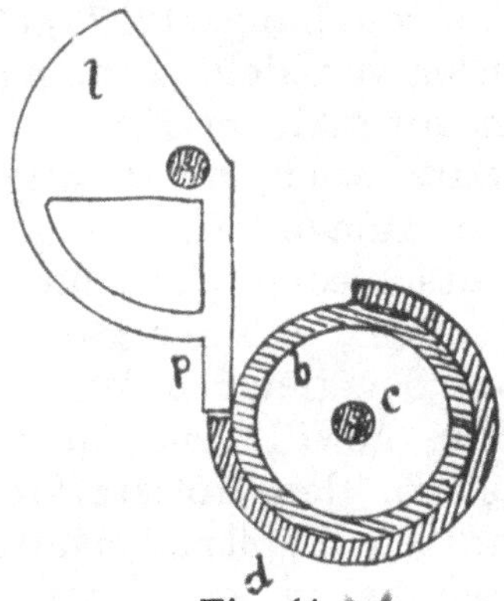

Fig. 64.

dem Bolzen e dreht, rückwärts bewegt wird. Am Umfang des Rades befindet sich ein Stift q, welcher dadurch an den Hebel g schlägt und somit den Sperrkegel m aushebt.

Da, wie erwähnt, die Steine für die Langschleifer nur zwei Pressen besitzen, braucht der Durchmesser nicht so groß zu sein, sondern nur zirka einen Meter. Man macht den Stein dagegen breiter, nämlich ungefähr 650 mm und nimmt die Umdrehungszahl zu 200—250 Umdrehungen pro Minute an. Dadurch wird mit derselben Umfangsgeschwindigkeit gearbeitet, wie bei den gewöhnlichen Defibreuren, nämlich mit zirka 700 Meter pro Minute.

Was nun den Längsschliff als solchen anlangt, so sind die auf ihn gesetzten Hoffnungen meist nicht erfüllt worden, teils den Papierfabrikanten, teils den eigenen Erzeugern gegenüber. Der Stoff ist natürlich länger als der gewöhnliche Holzstoff und demnach das daraus hergestellte Papier auch entsprechend fester. Andererseits ist aber der Stoff auch wieder etwas steifer und spröder, was sich in seinem Verhalten bei der Verarbeitung auf der Papiermaschine zeigt. Er läßt nämlich das Wasser auf dem Siebe viel leichter entweichen als der Kurzschliff, ist also nicht so schmierig wie dieser und gibt infolgedessen auch keine gute Durchsicht, was für manche spezielle Zwecke ein Fehler ist. Für dicke Papiere jedoch ist gerade dieser Fehler ein großer Vorteil, da man mit Langschliff viel dickere Papiere anfertigen kann, ohne befürchten zu müssen, daß sie auf der Maschine verdrückt werden.

Die Produktion von Langschliff geht im allgemeinen in der Regel leichter vor sich, d. h. man kann unter gewissen Umständen mit gleicher Kraft etwas mehr machen, obgleich dieser Satz auch nicht allgemein gültig ist. Jedenfalls sind die Anlagen für Langschliff teuerer und der Stoff selbst entschieden wertvoller. Dem steht aber beim Verkauf gegenüber, daß der Papierfabrikant wohl in den meisten Fällen bei gleichen Preisen den Langschliff vorzieht, aber selten gewillt ist, für denselben mehr zu zahlen, und das ist für den Holzstoffabrikanten doch die Hauptsache. Kann der Papierfabrikant genügend Langstoff zur Verfügung haben, so richtet sich seine Wahl, ob Kurz- oder Langschliff zu nehmen sei, nach der Art der von demselben herzustellenden Papiere.. Solche Qualitäten, die bessere Durchsicht haben und gut satiniert werden sollen, dürfen nicht größere Mengen von Langschliff enthalten, da wegen der erwähnten Sprödigkeit dieses Stoffes die Satinage nicht gut ausfällt oder sich wenigstens nicht gut hält.

Vergleicht man den Langschliff nur oberflächlich mit dem Kurzschliff, d. h. durch Einreißen eines dünnen Blattes aus Holzstoff und Betrachtung der Fasern mit dem bloßen Auge, so bemerkt man sonst gar keinen Unterschied. Derselbe tritt jedoch schon hervor, wenn in einer Fabrik, die beide Sorten als Schabstoff herstellt, das dünne papierartige Blatt von der oberen Preßwalze abgenommen wird. Im ersten Falle hat dieses Blatt wenigstens eine solche Festigkeit, daß es sich, an einem Ende festgehalten, selbst erhält, während es bei Kurzschliff durch sein eigenes Gewicht abreißt. Die Faser muß also bei Langschliff, wie schon der Name sagt, doch entsprechend länger sein. Da ich noch nirgendwo gelesen habe, wie groß in Wirklichkeit dieser Unterschied ist, und die Kenntnis dieses Umstandes sicherlich praktischen Wert hat, so nahm ich bei einem Besuch einer solchen Fabrik, die beide Sorten schleift, Proben und untersuchte diese mit Hilfe eines großen Mikroskopes von Zeiß in Jena, das mit Mikrometer versehen war. Ich benutzte das Objektiv A, welches eine schöne Vergrößerung gab und in dessen weitem Gesichtsfeld die einzelnen Fasern sehr deutlich zu erkennen und durch den verschiebbaren Mikrometermaßstab sehr genau zu messen waren.

Aus einer großen Anzahl von Untersuchungen fand ich, daß bei Langschliff die kleinsten, d. h. kürzesten Fasern 15 Teilen des Maßstabes im Gesichtsfeld entsprachen, während die längsten 75 Teile maßen und der Durchschnitt aus allen untersuchten Fasern 49,29 Teilstriche ergab. Bei Kurzschliff trat sofort eine bedeutende Differenz ins Auge, da dort die kürzesten Fasern nur 10 und die längsten nur 43 Teile maßen, während sich aus dem allgemeinen Durchschnitt eine Länge von 24 Teilen des Mikrometermaßstabs herausstellte. Da es nun aber für die Praxis interessant ist, die Ergebnisse dieser Messungen direkt in Millimetern zu erhalten, so sei erwähnt, daß der Umfang des Kopfes der Mikrometerschraube in 100 Teile eingeteilt ist und eine Umdrehung, also diese 100 Teile gleich 1 Teilstrich des Maßstabes im Gesichtsfeld entsprechen. Ein solcher, scheinbar 3 mm groß, beträgt in Wirklichkeit nur 0,000288 mm oder 0,288 Mikron ($^1/_{1000}$ mm). Nach der dem Mikroskop beigegebenen

Formel erhält man die tatsächliche Fasernlänge in Millimetern, wenn man die im Gesichtsfeld gefundenen Teilstriche mit 0,0288 multipliziert. Das ergibt in dem vorliegenden Falle die Resultate, welche folgende kleine Tabelle zeigt:

	Kürzeste Faser	Längste Faser	Allgemeiner Durchschnitt
Längsschliff	0,432 mm	2,160 mm	**1,419** mm
Kurzschliff	0,288 mm	1,238 mm	**0,691** mm

Es ergibt sich hieraus, daß der Längsschliff seinen Namen auch nach dieser Richtung hin in der Tat verdient, da er 2,05 mal, also wenigstens doppelt so lang ist. Die kurze Fasernlänge von nur reichlich einem halben Millimeter des in der Papierfabrikation hauptsächlich angewendeten Quer- oder Kurzschliffes erklärt die geringe Haltbarkeit des billigen Druck- und Zeitungspapieres, dessen Hauptbestandteil er zu bilden bestimmt ist.

Der Vollständigkeit wegen seien nur noch einige Anordnungen erwähnt, welche Kurzschliff herzustellen bestimmt sind, aber eine etwas andere Konstruktion zeigen.

Aus teils lokalen, teils anderen Gründen hat man bereits vor 30 Jahren die wagerechten Schleifer auf senkrechter Welle angewendet und damit nicht schlechte Resultate erzielt. Der bekannteste dieser Art wurde von Bell in Luzern gebaut, der einen Steindurchmesser von $1^3/_4$ m annahm und um dessen Umfang herum 8 Pressen legte. In diese wurde das Holz von oben eingestellt, so daß die Holzrichtung rechtwinklig zur Bewegungsrichtung lag, also genau so, wie bei den anderen Schleifern. Die Anpressung des Holzes erfolgte durch Gewichte und Hebel, und in jedem Preßkasten befand sich ein Spritzrohr, welches den abgeschliffenen Holzstoff fortgesetzt abspülte. Darin liegt ein Vorteil dieser Anlage, daß dieser abgeschliffene Holzstoff aus jeder Presse direkt gerade herunter in einen unter dem Steine liegenden Kasten, also nicht wie bei den vertikalen Steinen über einen größeren Teil der Umfangsfläche läuft, demnach nicht wiederholt durch verschiedene Pressen hindurch muß. Es hält sich daher auch die Schleiffläche stets reiner und hierdurch schärfer als bei den vertikalen Defibreurs. Da bei dieser Anordnung die auf den Stein drückenden Pressen gleichmäßig um den ganzen Umfang verteilt sind, also kein einseitiger Druck auf den Zapfen stattfindet, soll auch der Kraftverbrauch ein geringerer als sonst sein und zwar eine halbe Pferdekraft auf 50 kg trocken gedachten Holzstoff weniger betragen. Obgleich nun diese Schleifer später noch verbessert worden sind und von guten Maschinenfabriken noch heute Horizontalschleifer gebaut werden, so werden dieselben immerhin nur vereinzelt angewendet und sind im Verhältnis zu den Vertikalschleifern bedeutend in der Minderheit. —

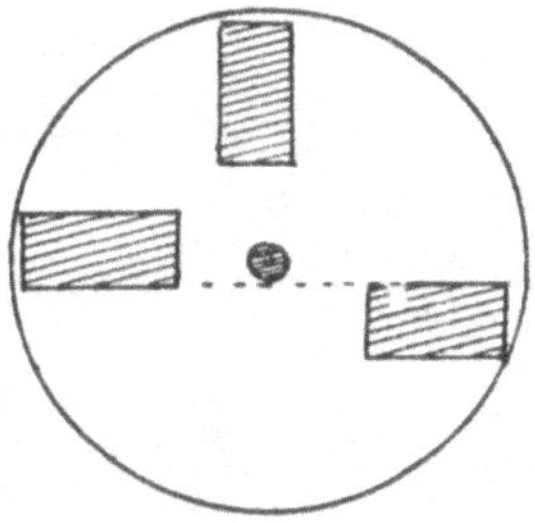

Fig. 65.

Eine noch andere Anordnung sind die **Seiten- oder Flachschleifer,** bei welchen nicht die runde Umfangsfläche, sondern eine oder beide geraden Seitenflächen als Arbeitsflächen benutzt werden.

In diesem Falle sitzen die Pressen, auch Taschen genannt, nahezu radial auf der flachen, kreisrunden Fläche, und es liegt in der Natur der Sache, daß bei dieser Anordnung das in den Pressen liegende Holz ungleichmäßig abgeschliffen werden muß. Die dem Umfang zu gelegenen Teile der Schleiffläche haben eine größere Geschwindigkeit, als die nach dem Mittelpunkte zu gelegenen, und es ist erklärlich, wenn die letzteren, auch bei gleichem Druck, weniger arbeiten. Jedenfalls kann der Stoff nicht so gleichmäßig ausfallen als bei den bisher erwähnten Arten. J. M. Voith baute schon 1884 oder früher derartige

Anlagen, wobei er einen großen, 1,86 m im Durchmesser haltenden vertikalen Schleifstein benutzte, an welchem von jeder Seite, rechts und links, je drei Taschen angebracht waren, so wie es die Skizze Fig. 65 zeigt, mittels welchen das Holz an die Seitenflächen angepreßt wurde. In einer guten Holzschleiferei, welche ich besuchte, waren neben einem Schleifer dieser Art noch mehrere gewöhnliche, von derselben Maschinenfabrik erbaute Holzschleifer aufgestellt, so daß die Leistungsfähigkeit beider Anordnungen sehr gut miteinander verglichen werden konnte. Trotz jahrelanger Benutzung ergab sich, daß der Seiten-

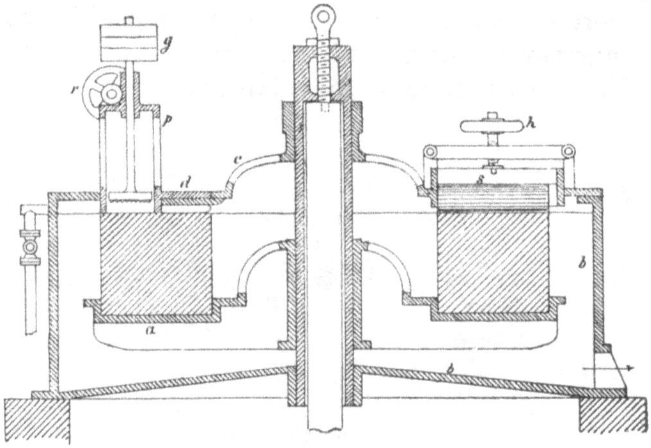

Fig. 66.

schleifer mehr Kraft in Anspruch nimmt, aber trotzdem noch weniger fertigbringt.

Ein besseres Resultat hat der von Fünfstück erdachte und von J. E. Christoph in Niesky in Schlesien erbaute Flachschleifer ergeben, wie er in Hoffmanns Handbuch der Papierfabrikation abgebildet und beschrieben ist. (Fig. 66 und 67.) Derselbe sitzt auf vertikaler Welle, ist ringförmig ausgearbeitet und trägt nur auf seiner oberen, horizontalen flachen Seite 5 Pressen. Dieser Stein liegt eingegossen auf einem ringförmigen Teller a, der mittels einer großen Nabe auf einer auf die senkrechte Welle geschobenen Hülse sitzt und mit dieser fest verbunden ist. Lose darauf sitzt der eiserne Kasten b, welcher den ganzen Stein umhüllt und unter demselben einen Raum bildet, in welchen das Wasser mit dem abgeschliffenen Stoff abläuft und seitwärts austreten kann. Dieser runde Kasten ist mit einem Deckel c versehen, welcher wieder die 5 Pressen p, sowie einen Steinschärfapparat s trägt. Eine Eigentümlichkeit und wohl der Hauptvorteil des vorstehenden Schleifapparates ist der, daß die Pressen nicht unveränderlich fest mit dem Deckel verbunden sind, sondern auf exzentrischen Schrauben d ruhen, die wieder durch verschiedene Schrauben an den Deckel angeschraubt werden können. Durch Lockerung dieser Schrauben und Drehung der Scheiben können die

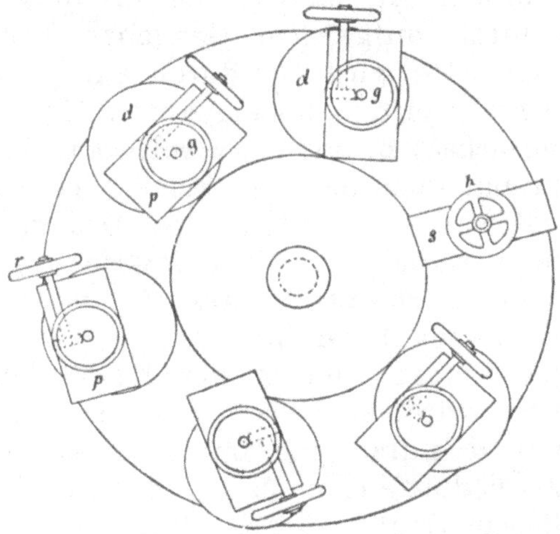

Fig. 67.

Pressen in beliebige Lagen zu der Schleiffläche gebracht werden, was nicht nur auf die Leistungsfähigkeit, sondern auch auf die Qualität des Stoffes von großem Einfluß sein kann. Stehen die Pressen, also auch das eingelegte Holz radial, so wird der Steinring einen Stoff hervorbringen, genau so wie alle anderen Flachschleifer, mit den schon erwähnten Fehlern. Stehen sie aber rechtwinklig zu dieser Richtung, so wird die Längsrichtung des Holzes genau mit der Bewegungsrichtung des Steines zusammenfallen, also Längsschliff erzeugt werden. Man kann demnach je nach Bedarf, wenn man alle 5 Pressen gleichzeitig einstellt, entweder nur Längsschliff, nur Kurzschliff oder nur einen beliebig gewünschten Durchschnitt von diesen diesen beiden erzeugen. Zu gewissen Zwecken kann es auch dienlich sein, wenn man die Pressen verschieden einstellt und gleichzeitig Langschliff, Kurzschliff und Durchschnittsware schleift. Dann wird der Stoff wohl an sich ungleichmäßig sein; d. h. aus langen und kurzen Fasern bestehen, aber wegen der ganz gleichmäßigen Mischung für den Papierfabrikanten doch wertvoll genannt werden müssen, da er etwaige Nachteile der einen Sorte durch die Vorteile einer anderen aufheben wird.

Als weiterer Vorzug der ganzen Einrichtung muß noch erwähnt werden, daß die Anpressung des Holzes an den Stein sehr einfach ist, da die die Preßplatte tragende Stange nur durch aufgelegte Gewichte direkt belastet wird. Die Preßplatte wird nur durch ein Handrad r, das in eine Schnecke greift, gehoben, durch einen Sperrkegel in dieser Lage erhalten, das Holz seitwärts in die Presse eingelegt, und, nachdem der Sperrkegel wieder ausgehoben ist, beginnt sofort das Schleifen unter Druck. Dicht über dem Stein liegt radial vor jeder Presse ein Spritzrohr, welches von einem Hauptrohr gespeist wird, das außen rund um den Kasten b geführt ist.

Da bei den Flachschleifern der Stein nicht am Umfang angegriffen wird, so behält er auch stets denselben Durchmesser und nutzt sich nur auf der einen oberen Ringfläche ab, wodurch er nach und nach immer niedriger wird. Aus diesem Grunde ist es nötig, ihn resp. den ihn tragenden Teller öfter etwas zu heben und so die Mahlfläche den Preßkästen wieder zu nähern. Dies geschieht einfach durch Herumdrehen der oberen Schraube, welche an ihrem unteren Ende einen Spurzapfen besitzt. Dadurch drückt sie auf die feststehende vertikale Welle und hebt die auf die Welle gesteckte Hülse etwas empor und mit dieser den Teller nebst dem Stein. Dieser letztere kann soweit ab- also auch ausgenutzt werden, wie dies bei keiner anderen Anordnung möglich ist, weil, wie gesagt, der Durchmesser nicht kleiner wird und die Leistungsfähigkeit nicht abnimmt. Trotzdem auch die niedrigere Aufstellung der vorliegenden Anordnung eine bequeme Bedienung der Preßkasten möglich macht, trotzdem auch verschiedene Fabriken das System adoptiert haben, kann man doch von einer größeren Verbreitung der Flachschleifer im allgemeinen nicht sprechen.

Es bleiben bei der beabsichtigten Neuanlage einer Schleiferei meist die vertikalen oder horizontalen Schleifer zur Wahl übrig. In der Regel werden die lokalen Verhältnisse hierbei maßgebend sein, und zwar der Punkt, ob eine große und möglichst gleichmäßige Wasserkraft zur Verfügung steht oder nicht. Im ersten Falle kann man, wenn es die Verhältnisse gestatten, mit Vorteil die horizontalen Schleifsteine anwenden, die man in der Regel größer nimmt, um zehn oder mehr Pressen herumzulegen, die aber natürlich eine entsprechend höhere Betriebskraft verlangen. Bedenken könnte nur folgender, wenn auch glücklicherweise selten vorkommende Fall erregen: Wenn auch die für die Holzstoffabrikation notwendigen Steine aus einer ausgesucht guten Qualität bestehen müssen, so ist es doch möglich, daß öfter auch nicht ganz homogene Steine geliefert werden, die Adern, Risse oder andere Fehler haben, welche im Innern versteckt liegen und bei der Bearbeitung des Steines garnicht bemerkt werden. Bei der großen Schwere und der bedeutenden Geschwindigkeit der besonders dem Umfang nahegelegenen Massen, sowie auch wegen des Widerstandes, der gerade am Umfange durch das Holzanpressen ausgeübt wird, entsteht eine so große lebendige Kraft, daß der Zusammenhang wohl gelockert, der Stein vollständig zerspringen oder sich wenigstens ein Teil davon ablösen kann. Hierdurch würde natürlich ein großes Unglück eintreten, welches voraussichtlich bei horizontalen Steinen schlimmer ausfallen würde, da in diesem Falle die herumgeschleuderten Stücke den ganzen Raum bestreichen, in welchem sich Arbeiter befinden, während bei vertikal rotierenden Schleifern die gefährliche Ebene von unten nach oben geht. Gegen eine solche Zerspringungsgefahr sollen wohl zwar die in die Steine eingelassenen und durch Schrauben verbundenen Scheiben schützen, oder auch nahe an dem Umfang angebrachte schmiedeeiserne, eingelassene Ringe; absolut vermeiden lassen sich aber derartig angedeutete Katastrophen nicht. Ein frischer, durch und durch noch feuchter Stein wird, auch wenn er im Innern keinen Fehler zeigt, leichter im Zusammenhang gelockert werden, als ein gleichmäßig ausgetrockneter, da Sandstein bekanntlich an und für sich nicht so fest ist. Es empfiehlt sich daher als allgemeine Regel sehr, stets einen gewissen Vorrat an Schleif- und Raffineursteinen zu halten, damit diese an einem trockenen Orte vor der Benutzung möglichst lange auszutrocknen vermögen.

Nach der Besprechung der eigentlichen Holzschleiferei und ihrer hauptsächlichsten maschinellen Einrichtungen sei noch einiger nebensächlicher Vorrichtungen gedacht.

Da jeder Schleifer einen verhältnismäßig sehr großen Kraftaufwand beansprucht, dabei aber die einzelne Leistungsfähigkeit der einzelnen Pressen zu verschiedenen Zeitpunkten nicht stets gleich groß sein kann, so wird auch selbstverständlich der ganze Schleifer manchmal mehr, manchmal weniger Kraft brauchen und infolgedessen zeitweise langsamer, oder schneller, also unregelmäßig laufen. Es ist aber bereits erwähnt worden, daß ein möglichst gleichmäßiger Gang des ganzen Werkes oder des einzelnen Schleifers auch nur einen gleichmäßigen Stoff hervorbringt, und deshalb hat man verschiedene **Regulatoren** in Anwendung gebracht, je nach dem System, nach welchem die Schleifer arbeiten. Bisher habe ich nur der hydraulischen und der Gewichtsschleifer Erwähnung getan. In beiden Fällen wird jede einzelne Presse durch Wasser- oder Gewichtsdruck in Tätigkeit gesetzt; eine selbsttätige Regulierung der Umdrehungsgeschwindigkeit des ganzen Steines ist darum nicht möglich. Anders ist es bei den sogenannten Kettenschleifern, die zwar eine ältere Einrichtung sind, aber in vielen Fabriken noch angetroffen werden. Hier schlingt sich eine endlose Kette über die Antriebsräder der fünf oder mehr einzelnen Pressen. Die Kette erhält die Bewegung von einer Welle aus und verteilt die Kraft je nach Bedarf auf die einzelnen Pressen, und zwar durch Vermittelung von Friktionsscheiben. Bei dieser Anordnung kann jeder Schleifer einen besonderen Regulator erhalten, der dem bei Dampfmaschinen gebräuchlichen genau nachgebildet ist.

Die Schleiferbewegung wird auf eine Stufenscheibe übertragen und dadurch ein Paar starkkonischer Riemenscheiben gedreht, welche durch einen gekreuzten Riemen verbunden sind. Durch die untere Scheibe und ein Paar

Kegelrädchen erhält nun der Regulator seine schnelle Umdrehung und, wenn alles in Ordnung ist, seine mittlere Stellung. Dadurch bekommt der mit der Regulatorhülse verbundene Hebel eine solche Lage, daß die an ihm befestigte Gabel den Kreuzriemen ebenfalls in seiner mittleren Stellung festhält. Geht nun wegen etwaigen vergrößerten Widerstandes oder wegen Abnahme des Betriebswassers der Schleifer langsamer, so werden die Regulatorkugeln herabsinken und der gekreuzte Riemen ein Stück weiter geschoben werden, bis der Regulator wieder seine normale Stellung erreicht hat. Bei der Dampfmaschine

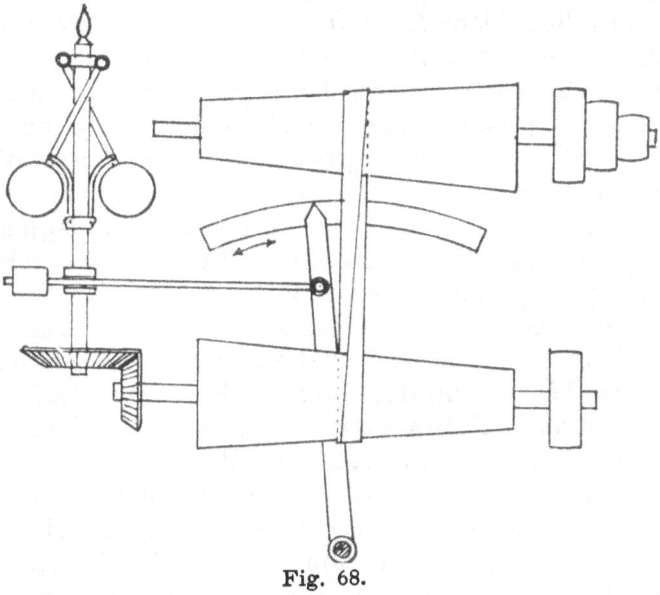

Fig. 68.

wird dieses Resultat dadurch erzielt, daß die Dampfeinströmung durch den Regulator weiter geöffnet, also mehr Kraft hinzugelassen wird. In diesem hier eben erwähnten Falle übersetzt sich die langsamer gewordene Schleiferbewegung in eine umso langsamere der Antriebskette. Geht diese Kette langsamer, so erfolgt in der gleichen Zeit natürlich auch ein langsamerer, demnach geringerer Vorschub der Pressen. Das bedeutet einen kleineren Kraftverbrauch, woraus wieder folgt, daß der Schleifer mehr Umdrehungszahlen machen wird. Auf diese Weise kommt er sehr bald wieder in den normalen Gang. Ebenso kann das Umgedrehte stattfinden, daß der Schleifer anfängt, zu schnell zu gehen. Dann vermehrt der Regulator den Holzvorschub, infolgedessen die Arbeit des Steines, bis alles wieder balanziert. Hierbei sei erwähnt, daß beim Holzschleifen im allgemeinen der Holzvorschub gegen den Stein im Durchschnitt zu 8 mm pro Minute angenommen wird.

Für die anderen Fabriken, deren Pressen, wie schon erwähnt, einzeln reguliert werden, ist es natürlich ebenso notwendig, auf einen gleichmäßigen Gang des ganzen Werkes zu sehen.

In diesem Falle wendet man aber nur einen einzigen derartigen Regulator an und setzt diesen in die Nähe der Turbinen, um ihn von der Hauptwelle aus zu betreiben. Da er jedoch die schweren Turbinenschützen selbst nicht zu bewegen vermag, so geht seine Verwendung nur dahin, daß er ein Glockensignal gibt, sobald das ganze Werk zu langsam oder zu schnell zu laufen anfängt. Da in jeder besseren Fabrik ein Turbinen- und Transmissionswärter existiert, so hat dieser dann nur die Pflicht, mehr oder weniger Wasser aufzulassen. Geht ersteres nicht, so hat er die Arbeiter bei den Schleifsteinen zu veranlassen, ein oder mehrere Pressen aufzuheben, oder bei andauerndem Sinken des Wasserstandes einen Schleifer ganz außer Tätigkeit zu setzen. Da zu gewissen Zeiten, im Sommer und im Winter, das Wasser fast überall knapp ist, so ist die Anstellung eines zuverlässigen Transmissionswärters von Wichtigkeit, da das gute und regelmäßige Schmieren aller Lagerteile Zeit wegnimmt und Tag und Nacht die Rechen im Sommer vom Laub, im Winter vom Eis freizuhalten und zu reinigen sind.

Für die Großkraftschleifer baut J. M. Voith-Heidenheim a. d. Brenz besondere Regulatoren, welche den Druck regulieren, mit welchem das Preßwasser in den einzelnen Schleifapparaten auf das Schleifholz drückt. Je mehr Schleifapparate ein Regulator zu bedienen hat, um so gleichmäßiger ist seine Wirkung. Für jede Turbine, resp. jedes gekuppelte Aggregat ist ein besonderer Regulator erforderlich.

Eine weitere für jede Holzschleiferei wichtige Frage ist das Schärfen der Schleifsteine. Die Raffineurschärfen habe ich schon besprochen und ebenso schon gesagt, daß die meisten der Defibreur-Schärfungen mit der Hand mittels Schärfhammer ausgeführt werden. Es gibt aber für diesen Zweck auch besondere Schärfmaschinen, die von Vielen angewendet werden und darauf beruhen, daß ein gezahntes Stahlrädchen durch einen Support gegen den rotierenden Stein gedrückt und gleichzeitig an der Schleiffläche hin und her bewegt wird. Das zirka 10—12 cm im Durchmesser haltende Stahlrad ist in einer Gabel gelagert und diese mit ihrem Griff gleich einem Drehstahl

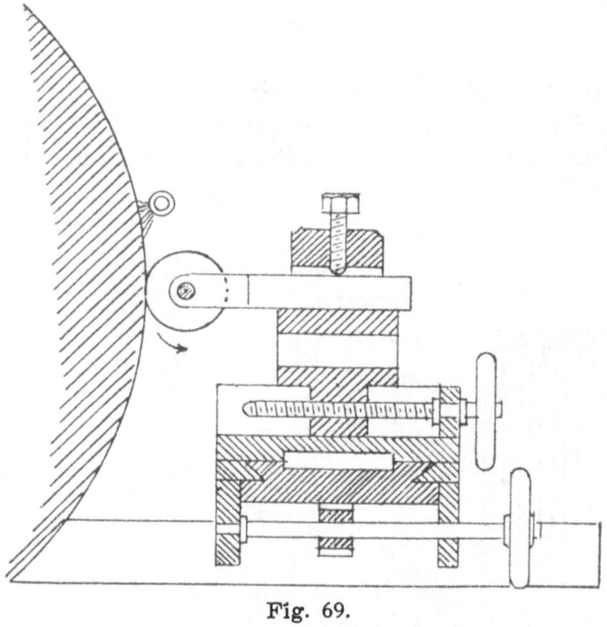

Fig. 69.

in den Support eingeschraubt, der dicht vor dem Steine auf dem Schleifergestell lagert. Nahe über dem Rädchen befindet sich ein Spritzrohr. Sobald nun durch das obere Handrad des Supportes das Schärfrad an den Schleifstein angepreßt ist, wird das untere Handrad gedreht, welches mit einer Zahnstange in Verbindung steht, so daß man den Support, respektive das Schärfrad abwechselnd rechts und links bewegen kann. Das dabei angedrückte Stahlrad macht natürlich in den Stein ähnliche, nur stumpfere Vertiefungen, die der Schleiffläche des Steines eine wellenförmige Form geben und über die Breite des Steines hinweg als parallele Riefen erscheinen.

Noch etwas einfacher und billiger ist die Schärfvorrichtung, wenn die Gabel mit dem Schärfrad nur durch

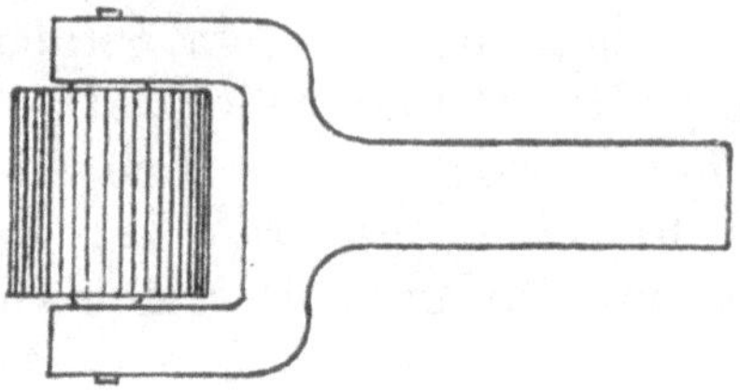

Fig. 70.

eine mittelst einer Kurbel zu drehende Spindel hin und her, oder bei wagerechten Steinen auf und nieder bewegt wird. Man nähert dann die Schärfrolle dem Steine da-

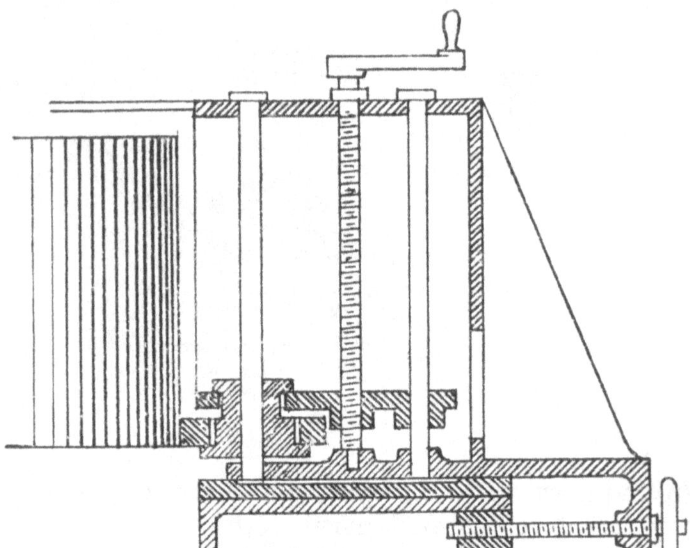

Fig. 71.

durch, daß man mittelst einer oder zwei Schrauben den ganzen Apparat um eine Kleinigkeit vorwärts schiebt.

Ebenso wirksam, aber am einfachsten gestaltet sich der Schärfapparat, wenn die Schärfrolle im kurzen Ende eines Kniehebels gelagert ist und eine mit Kurbel versehene Spindel den Drehpunkt dieses Hebels bildet. In diesem Falle wird nur die Schärfrolle durch die Hand beliebig stark mittels des langen Hebelendes gegen den Stein gepreßt und durch die andere Hand die Kurbel gedreht, also die Hin- und Herbewegung erzielt.

Eine besonders empfehlenswerte Konstruktion für Schärfrollen ist die, welche der Maschinenfabrik Chr. Elzenhaus in Gernsbach i. Baden unter D. R. P. Nr. 138 202

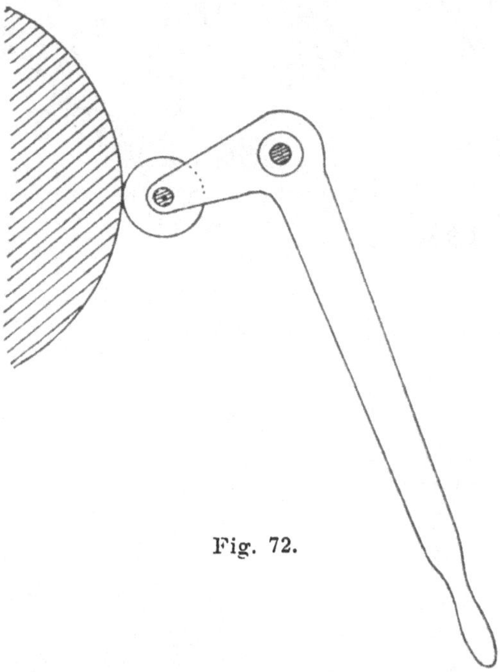

Fig. 72.

und in anderen Ländern patentiert worden ist; der eigentliche schärfende Teil ist ein aus mehrfachen Teilen bestehender Ring, welche auswechselbar sind. Es handelt sich hier nicht um eine Rolle mit parallelen Riefen etwa, sondern um eine solche mit lauter scharfen Spitzen in großer Zahl.

Die Fabrik von J. M. Voith-Heidenheim a. d. Brenz war wohl die erste, welche jeden ihrer Großkraftschleifer gleich mit einer besonderen Steinschärfmaschine mit der Schärfrolle Patent Elsenhaus ausstattet, die man entweder mittels zweier Spindeln durch Hand bewegt, oder noch besser mechanisch von der Welle des Schleifsteines

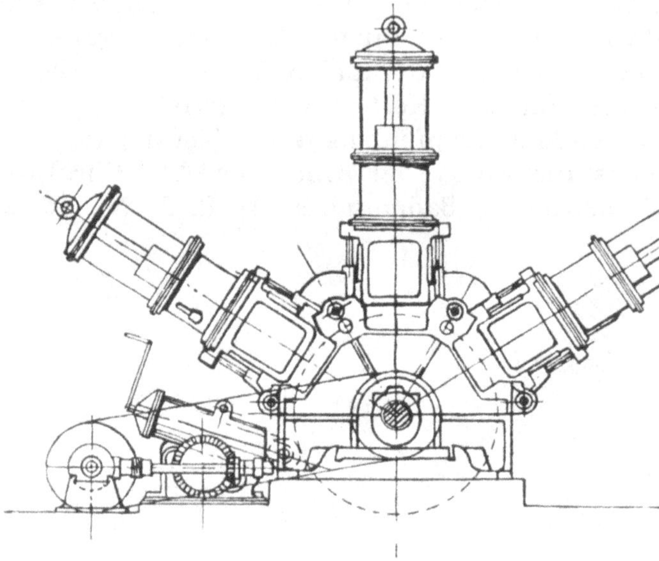

Fig. 73.

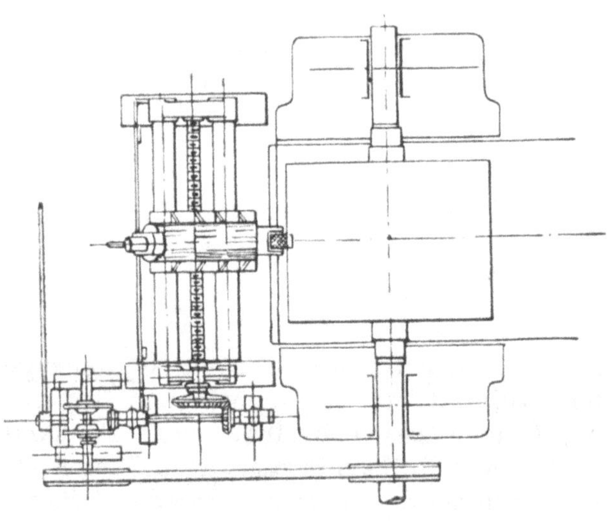

Fig. 74.

durch Riemscheiben und Wechselgetriebe antreiben läßt; sie erachtet es als besonders empfehlenswert, den Stein öfters zu schleifen, dann aber nur jedesmal die Schärfrolle leicht und recht schnell über den Stein hinwegzuführen; und das wird durch den mechanischen Antrieb am besten ausgeführt. Die beiden Zeichnungen zeigen die Anordnung an einem dreipressigen Großkraftschleifer. (Fig. 73 und 74.)

Mit allen den angeführten Schärfapparaten kann man nun zunächst, und zwar am allerbesten, den Schleiferstein ganz genau abrunden, ehe man einen neuen Stein in Betrieb nimmt, oder nachdem ein solcher durch die Arbeit ungleichmäßig abgenutzt, also unrund geworden ist. Das täglich notwendige Steinschärfen erfolgt wohl in kleineren Betrieben nicht damit. Hier begnügt man sich mit der unregelmäßigen Schärfung, welche man durch Anwendung von Schärfhämmern erreicht. Die letztere Arbeit nimmt zwar etwas mehr Zeit in Anspruch, als das Schärfen mit Apparaten, wird aber trotzdem noch vielfach angewendet.

Am einfachsten ist eigentlich eine Vorrichtung zum Abdrehen und Schärfen von Schleifsteinen, wie solche in der P. Z. 1897, Seite 1798 von Hugo Kretzschmann in Berlin angezeigt ist. Dieselbe besteht nur aus einer eisernen, mit nebeneinander liegenden Löchern versehenen Platte, die quer vor den Schleifstein gelegt wird und daselbst auch liegen bleiben kann. Der Hauptteil ist ein langer Hebel mit einem kurzen Zapfen, der in die Löcher der Unterlage paßt und als Drehpunkt dient. An dem kurzen Ende des Hebels, dem Kopf, ist ein hartes Stahlrädchen mit verschiedener Verzahnung angebracht, und wenn nun der Zapfen des Hebels in ein Loch der Unterlage eingesetzt wird und der Arbeiter, das Rad an den Stein drückend, eine kreisförmige Bewegung mit dem Hebel macht, und dies abwechselnd von jedem Loch aus längere Zeit fortgesetzt wird, so erhält der Stein durch dieses fortgesetzte Ueberschneiden eine genaue gerade Fläche.

Schließlich sei noch einer anderen Nebenarbeit Erwähnung getan, nämlich des Ueberziehens der Sortierzylinder und der Zylinder der Pappenmaschinen. Da sich die Ueberzüge um so mehr und schneller abnutzen, je weniger straff und sorgfältig dieses Ueberziehen gemacht wird, so liegt es im Interesse jeder Fabrik, diese sich öfter wiederholende Arbeit auch gut auszuführen. Es geschieht dies folgendermaßen:

Zunächst wird das eine Ende des abgepaßten Zylinderüberzuges so mit einem Nähdraht eingefaßt, wie es die Skizze Fig. 75 zeigt, wobei der erste Stich ungefähr 5 Drähte, der zweite 6, der dritte 7, der vierte 6, der fünfte 5 und so abwechselnd wieder fort, umfaßt, damit sich die querliegenden Enddrähte nicht aus der Kette herausschieben. Hierauf näht man dieses Ende an den Zylinder selbst an, schlägt das Metalltuch um den Zylinder herum, belastet es am anderen Ende mit starken Gewichten, damit es überall straff am Zylinder anliegt, und säumt das andere Siebende an dem Punkte, wo es den Siebanfang berührt, genau so ein, wie oben angegeben, und zwar mit Hilfe einer etwas gebogenen, starken Nähnadel. Dann näht man mittelst zweier Drähte a und b das Ende mit dem Anfang des Siebüberzuges so zusammen, wie Skizze Fig. 77 zeigt.

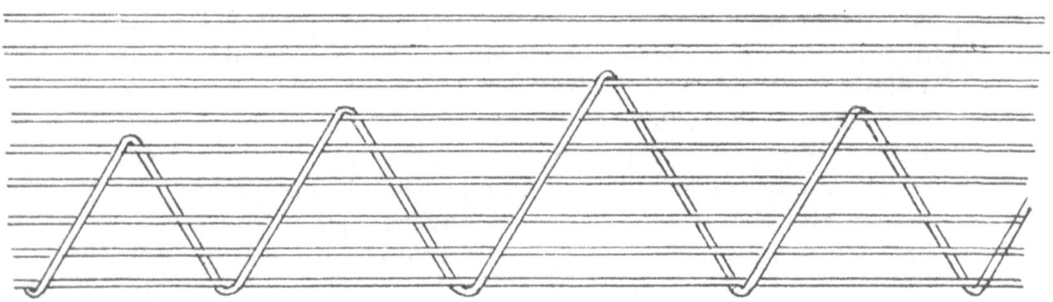

Fig. 75.

Diese Naht hält sehr gut und hat den Vorteil, daß der Durchgang des Wassers durch dieselbe nicht gehindert wird und das Papierblatt aus Holzstoff, welches sich auf dem Zylinder ablagert, sich ununterbrochen ohne Ende bilden kann.

In Metalltuchfabriken vollführt man diese Arbeit noch sorgfältiger. Der neue Ueberzug wird ungefähr passend, etwas reichlich, zugeschnitten und um den Zylinder herumgelegt; man hält ihn durch mehrere breite Stoffgurte mit Schnallen, welche man stramm anzieht, fest und schneidet dann die Kanten ganz scharf passend zu; dann wird der Ueberzug abgenommen und — wie angegeben — gesäumt, und danach wieder um die Zylinder gelegt, mit den Gurten wieder festgespannt, und dann werden die beiden Enden zusammengenäht; außerdem heftet man noch den Ueberzug an vielen Stellen fest auf dem Untersieb mit Nähdraht fest. Ehedem nahm man zu den Untersieben Gewebe Nr. 4 bis Nr. 6 aus gewöhnlichem,

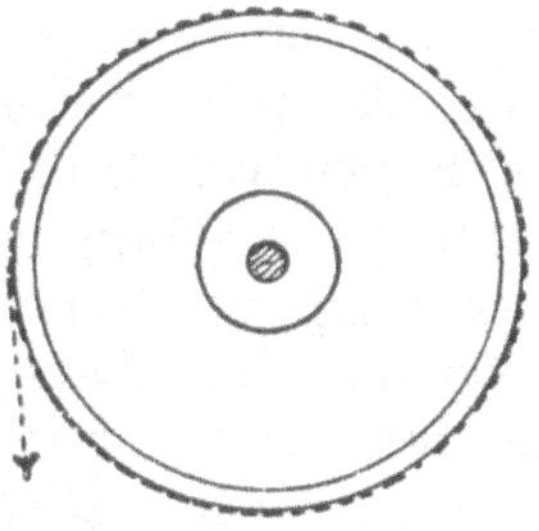

Fig. 76

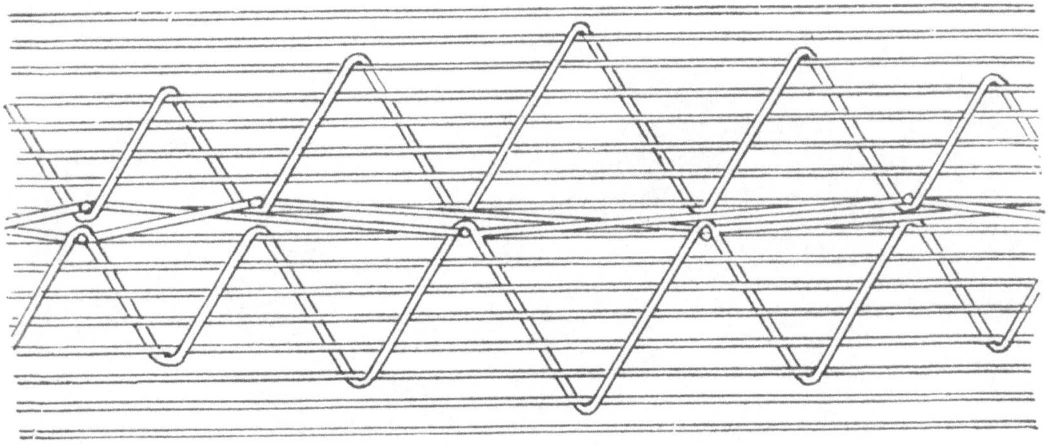

Fig. 77.

rundem Draht; später machte man sie fast nur noch aus halbrundem Draht, von Querschnitt; noch besser aber ist es, wenn man gelochtes Messingblech dazu verwendet, weil auf diesem der Ueberzug noch glatter aufliegt und besser gestützt wird; dadurch schont man die Ueberzüge bedeutend und verlängert ihre Haltbarkeit. Selbstredend ist hier auch das Gewebe des Ueberzuges selbst von großem Einfluß. Güte, Stärke des Drahtes, Nummer des Gewebes usw. spielen hierbei eine große Rolle und nicht minder bei den Verlusten an Holzstoff.

Leichter, schneller und infolgedessen auch billiger ist eine Naht auf dem Zylinder herzustellen, wenn man die beiden Ueberzugsenden zusammenlötet. Es tritt dann zwar der Umstand ein, daß an der Stelle, an welcher sich quer über den Zylinder die Lötstelle befindet, kein Wasser durch den Zylinder gehen kann, sich also auch kein Holzstoff festsetzen wird, so daß kein ununterbrochenes Band, sondern nur einzelne Bogen von Holzstoff entstehen. Das hat aber auf die Bildung der Pappen keinen Einfluß, da der Durchmesser des Pappenzylinders ein ganz anderer, d. h. viel größerer als der der oberen Preßwalze ist und demnach die Bogenenden beim Umschlagen um die Preßwalze jedesmal an anderer Stelle erscheinen. Es ist deshalb diese letztere Methode vom praktischen Stundpunkte aus vielfach noch heute in Anwendung.

Braunschliff oder gedämpfter Holzstoff.

Als einer ganz besonderen Sorte von Holzstoff ist noch des **braunen** oder **gedämpften Holzstoffes** Erwähnung zu tun, da das aus demselben gefertigte Packpapier, sowie die daraus hergestellte Pappe in den letzten Jahrzehnten eine sehr große, allgemeine Verbreitung gefunden haben. Wenn man auf Bahnhöfen und in Postgebäuden die unendliche Menge der täglich zum Versand gelangenden Kollis in bezug auf ihre äußere Verpackung betrachtet, so sieht man vielleicht bei neun Zehnteln das braune Packpapier als äußere Hülle oder die braune Lederpappe als Schutz in Form von Pappkästen der verschiedensten Gestaltungen. Ebenso hat sich dieser braune Stoff immer mehr eingeführt im Detail-Verkauf der mannigfaltigsten Lebensbedürfnisse; denn die Tütenfabrikation greift in der Hauptsache mit zu dem braunen Packpapier als Rohstoff, und auch zu anderen Zwecken wird es verwendet, überall da, wo die Billigkeit in erster Reihe zu berücksichtigen ist und eine besonders große Haltbarkeit nicht verlangt wird. Es verdient dieser braune Stoff, der ein Zwischenglied zwischen gewöhnlichem weißen Holzschliff und Zellstoff ist, diese vielseitige Beachtung in der Tat; denn durch das Dämpfen werden die Inkrusten des Holzes wenigstens teilweise gelöst, und beim nachherigen Schleifen wird eine Faser gewonnen, die bedeutend länger als die aus ungedämpftem Holze gewonnene ist und ein viel festeres Papier ergibt. Wenn bei der Zellstoffabrikation das Holz zunächst auch gedämpft wird, so geschieht das jedoch dort ohne Druck; trotzdem lösen sich in diesem Falle schon manche Inkrusten auf; denn das kondensierte Wasser läuft als braune, nach Vanille riechende Lauge ab, ohne jedoch das Holz selbst braun zu färben. Bei der Fabrikation von braunem Holzstoff genügt aber ein solches Dämpfen nicht; denn es muß nicht nur längere Zeit, sondern auch mit einem Druck von 4—5 Atmosphären ausgeführt werden. Durch die dadurch bedingte höhere Temperatur werden nun die die Holzfasern einhüllenden Inkrusten energischer aufgelöst, wenn auch nicht so vollkommen, wie bei der Zellstofffabrikation unter Zusatz der entsprechenden Chemikalien. Daß durch die höheren Hitzegrade dabei die Farbe des Holzes in Braun verwandelt wird, ist für manche Zwecke gewiß unangenehm, läßt sich aber nicht ändern und schadet für die untergeordneten Zwecke, zu denen man den braunen Stoff benutzt, auch nichts. Durch geringeren oder höheren Druck und kürzeres oder längeres Kochen hat man es übrigens in der Hand, hellere oder dunklere Nüancen herzustellen. Das ablaufende Kondensationswasser bildet jetzt eine dunklere Lauge, als wenn ohne Druck gedämpft wird, und riecht bedeutend schärfer, da sie außer Vanille noch Methylalkohol, Essigsäure und Ameisensäure enthält und deshalb auch nicht ganz unschuldig ist, sondern das Eisen nicht unbedeutend angreift. Hauptsächlich tut dies die Ameisensäure, und zwar am meisten in gasförmigem Zustande, und daher muß auf die Wahl des richtigen Materials bei der Anschaffung der Kocher das Hauptaugenmerk gerichtet werden.

Oft sind zum Holzdämpfen die bekannten rotierenden **Kugelkocher** aus Schmiedeeisen gewählt worden, wie sie zum Hadernkochen in den meisten Papierfabriken benutzt werden; und doch sind dieselben im allgemeinen nicht zu empfehlen, da Schmiedeeisen besonders stark von Ameisensäure angegriffen wird und es vorkommen kann, daß trotz aller Vorsichtsmaßregeln solche Kocher in wenigen Jahren vollkommen zerfressen werden. Wenn auch das Rotieren der Kessel manche Vorteile hat, so ist es doch nicht unbedingt nötig, schadet im Gegenteil mehr, wenn das Drehen zu lange fortgesetzt wird, da sich die Holzstücke aneinander und an den Wänden stoßen und dadurch unnötiger Abfall entsteht. Die Vorgelege, Riemenscheiben usw., welche die rotierenden Kocher erfordern, verteuern die Anlage bedeutend, so daß man in der Hauptsache zu feststehenden, liegenden oder aufrechten Kochern übergegangen ist. Eine bekannte große Fabrik für braunen Holzstoff benutzt allerdings heute noch die schmiedeeisernen Kugelkocher und klagt nicht über zu große Abnutzung; es muß jedoch zur Erklärung hierüber eingeschaltet werden, daß dieselbe nur allein Fichtenholz verarbeitet und dieses viel weniger Ameisensäure entwickelt, als das harzreichere Kiefernholz, für welches schmiedeeiserne Kocher unbedingt zu verwerfen sind. Es ist als Schutzmittel empfohlen, nach jedesmaligem Dämpfen den Kocher inwendig mit Kalkmilch anzustreichen; aber dieses Mittel hat ebenso wenig als ein anderer, teerartiger Anstrich der raschen Zerstörung Einhalt zu tun vermocht.

Da die einzelnen Bleche eines solchen Kochers ganz verschiedenartig angegriffen werden, indem manche Riefen und tiefere, größere und kleinere Löcher aufweisen, während bei anderen wieder kaum eine Abnutzung zu bemerken ist, so kann es sein, daß sich ein ganz bestimmtes Eisen widerstandsfähiger verhält; Erfahrungen hierüber sind aber noch nicht gemacht und werden wohl auch nicht leicht zu erhalten sein. Eine renommierte Maschinenfabrik hat zu diesem Zweck schon seit Jahr und Tag durch besondere Form gekennzeichnete Blechstücke von verschiedenen Walzwerken und bestimmten Eisensorten in den Kochern der oben erwähnten Holzschleiferei befestigt, um die mehr oder weniger nachteilige Einwirkung der Ameisensäure mit der Zeit daran zu studieren. Es ist jedoch vorläufig noch kein sicheres Resultat gefunden worden. Daher ist es immerhin besser, von den schmiedeeisernen Kochern ganz abzusehen, oder wenigstens gleich von Anfang an den einzigen, wirksamen Schutz zu benutzen, den die von G. Schumann in Zeitz hergestellten **schmiedeeisernen Kocher** mit innerem Kupferschutzmantel gewähren. Diese Fabrik hat schon seit zirka 25 Jahren einige Hunderte von horizontalen, vertikalen, rotierenden kugel- und zylinderförmigen Kochern nach ihrem patentierten Systeme angefertigt, deshalb große Erfahrungen in der sicheren Befestigung des Mantels am Kocher und kann infolge dessen auch eine dreijährige Garantie für ihre Arbeiten übernehmen.

Die Stärke des Kupfermantels wird in der Regel nur 2½ mm angenommen. Zahlreiche Fabriken benutzen diese

Kocher schon seit einer größeren Reihe von Jahren und sind sehr zufrieden damit; es muß also dieses System wohl als das geeignetste, wenigstens sicherste gegen Zerstörung durch Ameisensäure angenommen werden. Die Form des Kochers richtet sich oft nach den lokalen Verhältnissen, ebenso die Größe und nach der Ausdehnung des betreffenden Betriebes. In einigen Gegenden dämpft man gleich die ganzen Stämme und nimmt da natürlich feststehende liegende, zylinderische Kocher von größeren Dimensionen, nämlich 10—12 cbm Inhalt, während sonst lieber Kocher von zirka 8 cbm Inhalt gewählt werden. Die Schumannschen Zylinderkocher haben, wenn nichts anderes bestellt wird, nur eine verhältnismäßig kleine Einfüllöffnung an der vorderen Stirnwand, welche mit einem Bügelverschluß versehen ist. Außerdem gehören zu jedem Kocher nebst dem Dampfeinlaßventil noch ein Sicherheitsventil, ein Rückschlageventil, ein Ablaßventil und ein Federmanometer, ebenso ist noch ein Lufthahn notwendig. Wenn schließlich einmal ein solcher Kocher nach langjährigem Gebrauch zerstört und unbrauchbar geworden ist, so hat man den großen Vorteil, daß der ganze Kupfermantel seinen hohen Metallwert nicht vollständig eingebüßt hat, wie dies bei eisernen der Fall ist. Immerhin aber ist zu berücksichtigen, daß wegen des Kupfermantels der Anschaffungspreis der Schumannschen Kocher naturgemäß ein hoher sein muß und sich deshalb viele Fabrikanten nicht entscheiden können, dieses System zu wählen; denn ein Zylinderkocher von 4,5 m Länge, 1,5 m Durchmesser und 8 cbm Rauminhalt kostet schon über 3000 Mark.

Daher hat man für das Dämpfen von Holz behufs Herstellung von braunem Holzstoff ebenfalls schon seit länger als 20—24 Jahren **gußeiserne Kocher** mit großem Vorteil benutzt, und wenn auch wirklich manche nicht ganz gute Erfahrungen damit gemacht haben, so gibt es doch genug Fabriken, welche gußeiserne Kocher schon seit länger als zehn Jahren in ununterbrochenem Betriebe gehabt haben, ohne daß eine nennenswerte Abnutzung im Innern sich konstatieren ließe. Dabei sind diese Kocher nicht einmal aus sogenanntem „säurefestem Qualitäteisen" hergestellt gewesen, welches eine Fabrik, die sich mit der Herstellung gußeiserner Kochgefäße befaßt, als besonders widerstandsfähig und für diese Zwecke geeignet bezeichnet. Ob die Erfahrung diese Behauptung bestätigt, sei dahingestellt. Jedenfalls wird Gußeisen im allgemeinen, auch bei dem Dämpfen von Kiefernholz, im Vergleich zu Schmiedeeisen fast gar nicht von der Ameisensäure angegriffen, und die nach Jahren etwa erfolgende kleine Abnutzung ist bei der selbstredend größeren Wandstärke in keiner Weise schädlich. Da wie bei der Zellulosefabrikation die schweflige Säure, bei den Holzdämpfen auch die Ameisensäure, weniger in der Lauge scharf und ätzend wirkt, als besonders im gasförmigen Zustande, so ist in der Regel der obere Teil jedes Kochers dem Angriffe zunächst ausgesetzt. Daher ist es sehr praktisch und läßt sich bei den gußeisernen Kochern auch sehr leicht ausführen, daß man dieselben, seien es liegende oder stehende, symmetrisch anordnet, d. h. alle Stutzen, welche oben notwendig sind, auch unten angießt und vorläufig blind verschraubt. Sollte sich nach einigen Jahren eine kleine Abnutzung herausstellen, so dreht man den Kocher einfach um, so daß die noch nicht angegriffene untere Seite nach oben kommt, und erhöht auf diese Weise die Benutzungsdauer auf das Doppelte. Wenn der Kocher aus mehreren Teilen besteht, genügt es bei vertikalen auch, nur den unteren und den oberen Teil zu wechseln und den mittleren Hauptteil stehen zu lassen. —

Die gußeisernen liegenden Kocher von mittlerer Größe, also von 6—8 cbm Rauminhalt, werden in der Regel nur von einer lichten Weite von 1,25 m angenommen und aus 3 oder 4 gleichen zylindrischen, mit Flanschen versehenen Stutzen zusammengeschraubt, an welche sich hinten und vorn mehr oder weniger gewölbte Böden anschließen. Die meisten der 5—6 m langen Kocher haben nur auf der Vorderseite eine Oeffnung zum Füllen und Entleeren und sind am hinteren Ende geschlossen; doch ist es praktisch, wenn auch auf der Rückseite eine Oeffnung vorhanden ist, da in diesem Falle, wenn es die lokalen Verhältnisse gestatten, das Holz von beiden Seiten gleichzeitig eingesetzt und ebenso gleichzeitig entleert werden kann und außerdem sich der Kessel wegen des Luftdurchzuges schneller abkühlt, so daß auch dadurch Zeit gewonnen wird. Die Skizze zeigt uns einen liegenden Kocher im Durchschnitt.

Sobald die Einfüllöffnungen einigermaßen groß sind, genügt der Bügelverschluß nicht, sondern es muß der Deckel mit einer größeren Anzahl von Schrauben an dem Kocher befestigt werden; und damit der Zeitverlust bei dieser Arbeit möglichst gering ist, versieht man den Befestigungsrand und den Deckel mit Schlitzen und macht die Schrauben in Scharnieren beweglich, so daß dieselben nach der Lockerung nur zur Seite geklappt werden. Der schwere Deckel wird mit Flaschenzug an- und abgehoben. Eine hübsche Erleichterung haben manche Fabrikanten dadurch eingeführt, daß sie den Deckel, bei sonst gleicher

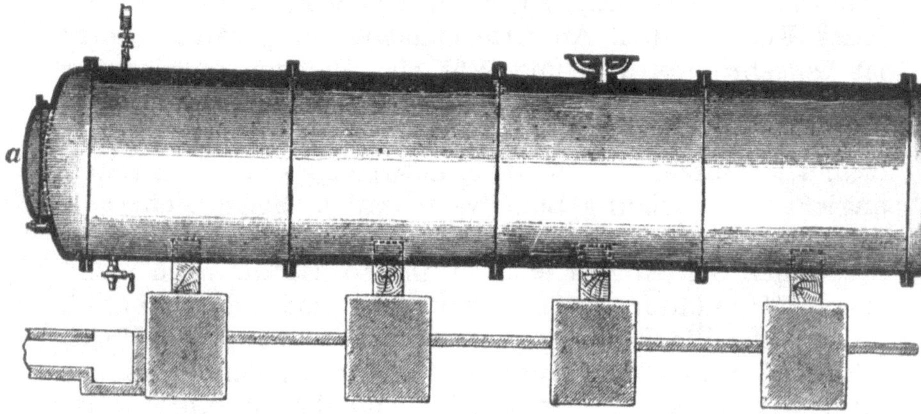

Fig. 78.

Konstruktion, mit 2 Scharnieren verbanden, so daß derselbe gleich einer Tür nur auf- und zugemacht und gar nicht abgehoben zu werden braucht, wie die Seitenansicht Fig. 79 zeigt.

Einzelne Maschinenfabriken legen in den Kocher noch einen Rost, damit das zu dämpfende Holz nicht mit der Lauge in Berührung kommt, die durch die Kondensation des Dampfes entsteht. Sie führen das Dampfzuleitungsrohr unter diesen Rost, damit der Dampf von unten durch die Holzschichten aufwärts steigt. Unbedingt notwendig ist dieser Rost aber nicht. In dem Stutzen für die Dampfleitung ist in der Regel noch ein solcher für Wasser angebracht, damit man nach beendigter Kochung das Holz und den Kocher abkühlen kann. Wenn auch durch eine derartige Abkühlung Zeit erspart werden kann und für das

Holz vielleicht selbst noch Vorteile dadurch erreicht werden, daß man das Holz im Wasser noch längere Zeit, etwa eine Nacht, stehen läßt, so wiegen diese Vorteile doch kaum das Risiko auf, welches durch die plötzliche Abkühlung des erhitzten Gußeisens entstehen kann; es

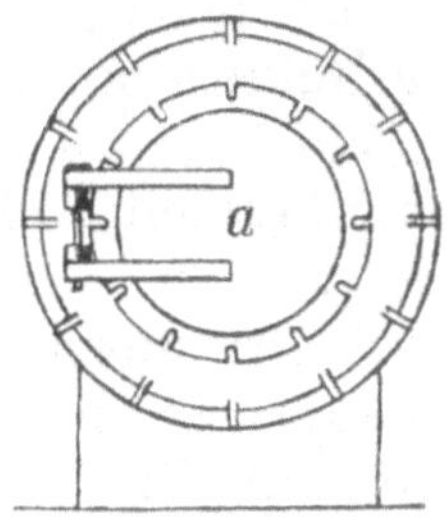

Fig. 79.

müßte dieses Einlassen von Wasser wenigstens sehr langsam und vorsichtig geschehen; da man sich aber auf die Arbeiter doch nicht unter allen Umständen verlassen kann, so unterbleibt in der Regel die Benutzung des Wasserventiles zu dem erwähnten Zwecke.

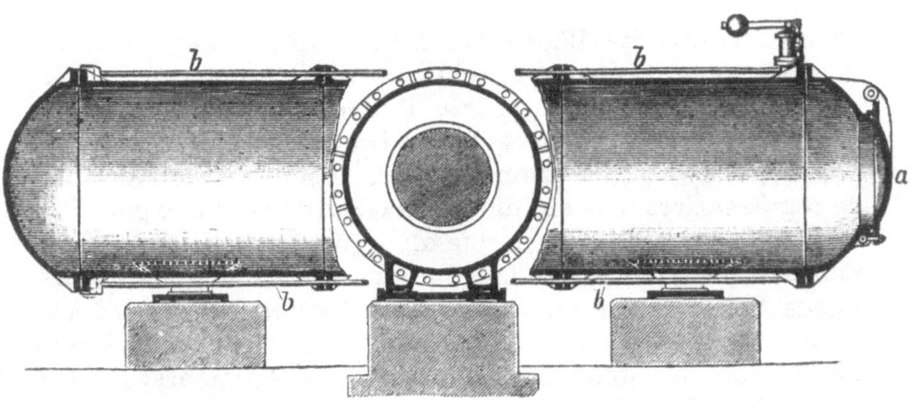

Fig. 80. Fig. 81.

Da Gußeisen sich gegen Dampfdruck anders verhält als Schmiedeeisen, so müssen, auch schon aus mechanischen Gründen, die Wandstärken bedeutend größer angenommen werden als bei schmiedeeisernen Kochapparaten. Unter Berücksichtigung der nötigen Sicherheit ergibt dies bei Kochern von dem oben angeführten Durchmesser Wandstärken von mindestens 25 bis zu 35 mm. In einigen Landesteilen wird nun von der Aufsichtsbehörde bei gußeisernen Kochern noch die Vorschrift gemacht, starke schmiedeeiserne Bänder darum zu legen, welche vom rein technischen Standpunkte aus zwar keine größere Sicherheit gegen Explosionsgefahr geben, sondern höchstens vielleicht ein zu weites Herumfliegen der Teile eines zersprungenen Kochers verhindern könnten. Diese Vorschrift erhöht den Preis eines Kochers um ca. 250 M. oder mehr, ohne daß ein besonderer Nutzen dadurch garantiert wäre.

Von demselben Gedanken ausgehend, dem Kocher größtmögliche Dauer und Sicherheit zu gewähren, baut eine bekannte Maschinenfabrik ihre für das Holzdämpfen bestimmten Kocher so, daß die einzelnen zylindrischen

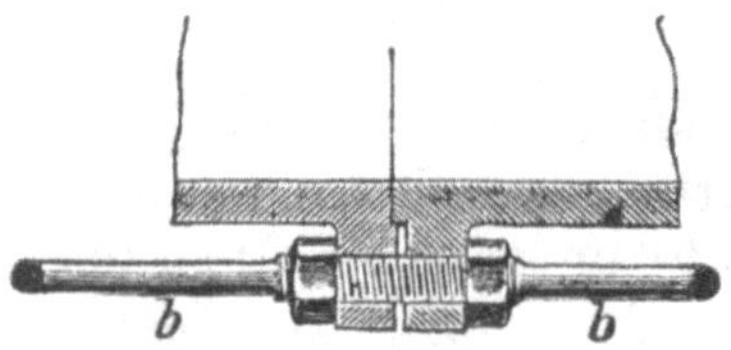

Fig. 82.

„Stöße" sowie die Böden am Rande durch lange, durchgehende Schrauben so miteinander verbunden sind, wie die nächsten Skizzen Figg. 80, 81 und 82 zeigen.

Da bei dem oben angegebenen Durchmesser des Kochers von $1^1/_4$ m zirka 24 Verbindungsschrauben notwendig sind, so repräsentiert dies ein nicht unbedeutendes Eisengewicht und beeinflußt den Preis ziemlich wesentlich. Die nahe nebeneinanderstehenden langen Schrauben bilden ein förmliches Schutzgitter um den Kessel herum; ob sie jedoch wirklich etwas nützen, ist wohl noch nicht praktisch erprobt worden. Jedenfalls verlangt die Aufsichtsbehörde nicht überall die Durchführung der lästigen Beschränkung.

Vom technischen konstruktiven Standpunkte aus ist die Anlage der jetzt erwähnten langen, liegenden Kocher nicht gutzuheißen, da doch auch die Beschickung und Entleerung Schwierigkeiten haben, obgleich dieselben in der Praxis nicht so bedeutend sind, als man anzunehmen geneigt ist. Für manche Verhältnisse, besonders wenn die Zurichtung des Holzes nach der lokalen Terraingestaltung in den oberen Räumen des Kocherhauses erfolgt und die weitere Bearbeitung in tiefer liegenden Etagen vor sich geht, ist es geraten, stehende Kocher zu wählen, von welchen die nächste Fig. 83 eine Konstruktion zeigt. Dieselben können schon der lokalen Umstände wegen in der Regel nicht so hoch angenommen werden, und muß man sich mit kleinerem Inhalt, 4—6 cbm, begnügen. Der skizzierte Kocher hat oben auf dem Deckel noch einen Hals,

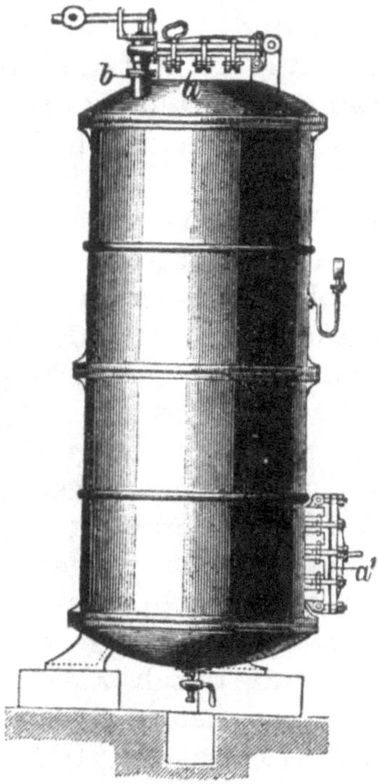

Fig. 83.

der als Einfüllöffnung dient und mittelst eines in Scharnieren gehenden und mit Scharnierschrauben versehenen kleineren Deckels verschlossen wird. Der Stutzen mit dem Dampfeinströmungs- und dem Sicherheitsventile ist auf dem Deckel neben der Einfüllung angebracht. Am untersten Ende seitwärts ist die 500 mm weite Entleerungsöffnung angeordnet, welche genau wie die obere verschlossen wird. Der Kocher steht auf 3 Füßen. Es liegt in der Natur der Sache, daß bei vertikalen Kochern die Entleerung nicht, wie bei den liegenden, mit der Hand, durch Einsteigen von Arbeitern, bewirkt wird, sondern nahezu selbständig durch das eigene Gewicht des Holzes erfolgt und daher viel Zeit gespart wird, um so mehr, weil auch eine Abkühlung nicht abgewartet zu werden braucht. Immerhin ist bei dieser vorstehenden Konstruktion die Entleerung nicht so leicht, da sich die Holzstücke gegenseitig klemmen und eine nicht unbedeutende Nachhilfe durch die Arbeiter in diesem Falle notwendig wird.

Darum sei hier noch eine Konstruktion angeführt, welche diesen Uebelstand nicht hat, sondern sehr leichte und schnelle Entleerung sichert und bei welcher die im Anfang schon erwähnte genaue Symmetrie berücksichtigt ist, die Umdrehung und dadurch längere Ausnutzung emöglicht.

Sie ist in Fig. 84 dargestellt.

Durch den größeren Durchmesser von 1,8 m ist bei 8 cbm Inhalt die Höhe des Kessels nicht so unverhältnismäßig groß geworden, so daß der ganze Hauptkessel von 2 m Länge mit Rippenverstärkung aus einem einzigen Stück gegossen werden konnte. Die Böden sind stark gewölbt und vorn mit 0,8 m langen und 0,6 m breiten viereckigen Füll- und Entleerungsöffnungen versehen, welche durch mit Rippen verstärkte und in Scharnieren bewegliche Deckel verschlossen werden können. Diese Deckel sind durch starke angegossene Knaggen verhindert, weiter herumzuschlagen, als nötig ist. Da sie immerhin schwer sind, werden sie durch kleine Flaschenzüge gehoben und gesenkt. Trotzdem es so scheinen könnte, ruht die ganze Last des eingesetzten Holzes nicht auf dem unteren Deckel, da sich, wie schon erwähnt, das Holz gegenseitig etwas klemmt und bei der Entleerung immer noch eine kleine Nachhilfe von unten aus notwendig ist. Da die obere Füllöffnung nur ca. einen halben Meter über den Fußboden des oberen Lokales, wo die Vorbereitung des Holzes erfolgt, hervorragt, ist die Füllung sehr bequem, und da der stehende Kocher keine Füße hat, sondern mittelst in der Mitte angegossener Rippen auf I-Trägern ruht, auch unter dem Kessel noch mehr als 1 m hoch Platz ist, so geht auch die Entleerung leicht vonstatten, um so mehr, da ein Schienengleis vor dem Kocher liegt und auf diesem das Holz bis zu seiner weiteren Verarbeitung sofort weiterbefördert werden kann. Die Deckel der Oeffnungen sind natürlich auch mit Schlitzen und Scharnierschrauben versehen.

Die jedesmalige Dichtung bei der Benutzung des Kochers erfolgt durch Streifen von feuchten Holzstoffpappen, wie solche von der Maschine kommen. Schmiede-

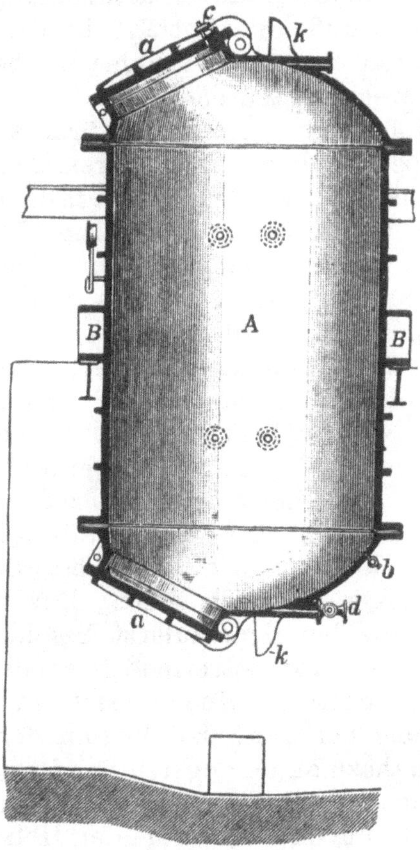

Fig. 84.

eiserne Bänder oder durchgehende Schrauben sind hier nicht zur Anwendung gekommen.

Wenn nun auch dieser Kocher in seiner Form und Anordnung sehr praktisch genannt werden muß, so kann man doch nach anderer Richtung hin auch Einwendungen machen. Infolge des großen Durchmessers sind natürlich auch die Dichtungsflächen, d. h. wo die Böden an den

Hauptteil des Kochers angeschraubt sind, außergewöhnlich groß; denn durch je 50 starke Schrauben ist die innige Verbindung der einzelnen Teile miteinander hergestellt. Daß hierbei die Gefahr des Undichtwerdens nach längerem Gebrauche naheliegt, ist selbstredend; aber außerdem ist noch wichtiger, daß ebenfalls wegen des großen Durchmessers die Wandstärke unverhältnismäßig stark angenommen werden muß. Sie beträgt in dem vorliegenden Falle 40 mm, und dadurch wird der Kocher sehr schwer und leider entsprechend teurer. Wenn die Lokalverhältnisse eine größere Höhe nicht gestatten, würde es sich demnach empfehlen, lieber Kocher von kleinerem Durchmesser und geringerem Inhalt zu wählen. Jedenfalls ist der Durchmesser von 1,8 m für einen gußeisernen Kocher zu groß.

Der Vollständigkeit halber sei zum Schluß noch eines Systems Erwähnung getan, welches sich in einer böhmischen Fabrik bereits seit Jahren gut bewährt hat. Es ist ein gußeiserner stehender Kocher, welcher nach Abhebung des oberen Deckels oben offen ist und in welchem ein beweglicher, durchlöcherter Boden auf und nieder gehoben werden kann. Dieses System eignet sich besonders da zur Benutzung, wo in demselben Raume, resp. in derselben Etage die Bearbeitung des Holzes sowie die Weiterbeförderung des gedämpften Holzes vor sich geht. Der obere Teil des Kochers ragt, wie bei dem zuletzt beschriebenen, etwas über den Fußboden des betreffenden Stockwerkes empor, während der eigentliche Kocher sich in dem darunter gelegenen Raume befindet. Bei Beginn der Füllung wird der Boden bis nahezu an den oberen Rand gehoben, das Holz darauf geschichtet und der Boden nach und nach immer tiefer herabgelassen im Verhältnis der Holzaufschichtung, bis er unten aufsitzt und der Kocher vollständig gefüllt ist, ohne daß ein Arbeiter nötig hätte, in den Kocher selbst hineinzusteigen. Nach beendigter Kochung und Abhebung des Deckels wird der Boden wieder langsam nach oben bewegt, das Holz fällt ohne jede Handarbeit und Nachhilfe über den Rand des Kochers in den Raum, in welchem es weiterverarbeitet oder von wo es weiterbefördert wird, bis der Boden oben angelangt und das gedämpfte Holz vollständig aus dem Kocher entfernt ist. In diesem Falle, wo niemand in den heißen Kocher zu steigen braucht, hat man wie bei dem zuletzt erwähnten System keinen Aufenthalt wegen Abwartens einer etwaigen Abkühlung, und die Füllung läßt sich sogar noch schneller als bei den anderen bewerkstelligen.

Für alle vorstehend erwähnten Kocherarten gilt nun noch schließlich die Vorschrift, daß es vorteilhaft ist, dieselben mit einer Wärmeschutzmasse, deren es ja mannigfache gibt, in dicker Schicht zu versehen, damit die Abkühlung während des Dämpfens möglichst reduziert wird und der Dampf im Innern des Kochers kräftigst zur Wirkung gelangt. Bei einigen Fabriken, die braune Pappen anfertigen, aber nicht mit großen Trockenzylindern arbeiten, unterläßt man jedoch absichtlich die Isolierung und hängt über und neben den Kochern die Pappen zum Trocknen auf, auf diese Weise die ausstrahlende Wärme noch vorteilhaft benutzend.

Da es manchem zweifelhaft ist, ob die Kocher zum Dämpfen des Holzes ähnlich den Dampfkesseln einer amtlichen Kontrollle und Druckprüfung zu unterwerfen sind, mögen hier die darauf Bezug habenden **gesetzlichen Bestimmungen** im Auszug kurz angeführt werden:

§ 1. Die Kocher gelten als Dampffässer im Sinne der Polizeiverordnung. Unter Atmosphärendruck wird ein Druck von 1 Kilogramm auf den Quadratzentimeter verstanden.

§ 2. Mit Dampf geheizte Dampffässer sind mit Vorrichtungen zu versehen, welche es gestatten, sie einzeln für sich von der Dampfleitung abzusperren. Die Feuerungen, durch welche Dampffässer geheizt werden, müssen so eingerichtet sein, daß ihre Einwirkung auf die letzteren ohne weiteres gehemmt werden kann.

§ 3. Jedes Dampffaß muß mit mindestens einem zuverlässigen Sicherheitsventile und einem zuverlässigen Manometer versehen sein, welche so einzurichten oder an einer solchen Stelle anzubringen sind, daß sie durch die kochende Masse nicht ungangbar gemacht werden können.

§ 4. An jedem Dampffasse muß der festgesetzte höchste Betriebsdruck in Atmosphären, der Fassungsraum in Litern, die Firma und der Wohnort des Verfertigers, die laufende

Anfertigungsnummer und das Jahr der Herstellung in leicht erkennbarer, dauerhafter Weise angegeben sein.

§ 5. An jedem Dampffasse muß sich eine Einrichtung (Flansch) befinden, welche das Anbringen des amtlichen Kontrollmanometers gestattet.

§ 6. Jedes neue Dampffaß muß nach Anbringung der Ausrüstung, jedoch vor der etwaigen Einmauerung oder Ummantelung einer Wasserdruckprobe sowie einer hiermit stets zu vereinigenden weiteren technischen Untersuchung (Konstruktionsprüfung) durch einen Sachverständigen unterzogen werden. Die Druckprobe ist mit dem anderthalbfachen Betrage des höchsten Betriebsüberdruckes, mindestens jedoch mit einer denselben um eine Atmosphäre übersteigenden Pressung auszuführen.

Die weitere technische Untersuchung (Konstruktionsprüfung) hat festzustellen, ob die Vorschriften der §§ 2—5 dieser Verordnung beachtet sind und ob sämtliche Verschlüsse zuverlässig wirken.

§ 7. Vor der beabsichtigten Inbetriebnahme eines Dampffasses ist unter Vorlegung der Bescheinigung über die vorgenommene Untersuchung (§ 6) und unter Angabe des Aufstellungsortes Anzeige an die Ortspolizeibehörde zu erstatten, welche hierüber bei Rücksendung der Vorlagen ungesäumt Bescheinigung erteilt.

Es folgen nun noch verschiedene Paragraphen, welche mehr für den Praktiker bestimmt sind.

Ueber das eigentliche Dämpfen des Holzes ist folgendes zu erwähnen:

In den meisten Fällen wird das Holz mittelst einer Kreissäge in Stücke geschnitten, deren Länge der Breite der Schleifkästen entspricht; dann erfolgt entweder durch Handarbeit oder durch Schälmaschine sowie nachfolgendes Putzen die vollständige saubere Entrindung der Hölzer, da nur bei Anwendung dieses vorherigen Schälens ein ganz reines und gutes Produkt gewährleistet werden kann. Wird allerdings nicht ein Prima-Holzstoff verlangt, so erspart man, besonders bei Verarbeitung von Kiefernholz, bedeutend an Arbeit, wenn man das Holz ganz ungeschält in den Kocher einsetzt, da sich bei längerem Dämpfen und besonders bei Kiefer die Rinde größtenteils ablöst, so daß nach dem Kochen nur noch ein teilweises Abschaben mit einem Messer und ein Abwischen mit einem Tuche notwendig ist. Hierbei bleiben aber doch noch kleine schwarze Bastteilchen am Holze sitzen, welche das fertige Fabrikat verunreinigen, und aus diesem Grunde wird, wie gesagt, in den meisten Fällen das Holz vor dem Dämpfen sauber geschält.

Das Einsetzen in den Kocher muß sorgfältig geschehen, bei liegenden und vertikalen Kochern meistens horizontal, damit der Rauminhalt des Kochers möglichst genau ausgenutzt wird. Nach erfolgtem Schließen der Oeffnungen des Kochers und Abdichten durch nasse Holzstoffpappe wird der am höchsten Punkte angebrachte Lufthahn geöffnet und aus dem benachbarten Dampfkessel Dampf von entweder 4 oder 5 Atmosphären Ueberdruck vorsichtig auf den Kocher gelassen. Ist darin der Druck auf die vorgeschriebene Höhe gestiegen, so wird der am untersten Teile des Kochers angebrachte Hahn so weit etwas geöffnet, daß der sich kondensierende Dampf als braune Kocherlauge kontinuierlich abläuft. Von Zeit zu Zeit muß der Hahn ganz geöffnet werden, damit sich die Lauge im Kocher nicht ansammelt; denn das in der Lauge im untersten Teile liegende Holz dämpft nicht genügend durch, sondern bleibt weiß oder zu hell. Die Farbe, die man dem fertigen Stoffe zu geben wünscht, richtet sich ganz nach der Zeitdauer des Dämpfens und nach dem Dampfdruck und variiert zwischen hellem Gelb und dunklem Braun, je nach Geschmack des Bestellers. Man dämpft in der Regel bei 5 Atmosphären Druck 8—14 Stunden lang.

Da nun dieses Dämpfen, wie im Anfange gesagt, eine teilweise Auflösung der Inkrusten bedingt, so sollte man glauben, daß sich bei langem Dämpfen die Holzfaser immer ähnlicher der Zellulose gestalten, also eine festere Faser ergeben würde; das ist aber nicht der Fall; denn das dunkel gedämpfte Holz hat zwar den großen Vorteil, daß es sich viel leichter schleift, daß also in derselben Zeit viel mehr als bei weißem Holzstoff fertig wird; andererseits aber ergibt es nach dem Schleifen ein weicheres Fabrikat, und das daraus hergestellte Papier ist entschieden lappiger, als solches von hellem, kürzere Zeit gedämpften Holze. Wird der braune Stoff sehr hell verlangt, so ist zu berücksichtigen, daß er sich fast noch schwerer schleift als ungedämpftes Holz, daß also weniger fertig wird und dieser Umstand Einfluß auf den Verkaufspreis hat, der bei der Kalkulation nicht außer Acht gelassen werden darf.

Bei dieser Gelegenheit soll auch nicht vergessen werden, daß durch das Dämpfen die Inkrusten teilweise aufgelöst werden und durch die abgehende Lauge ein Gewichtsverlust eintritt, der gar nicht unbedeutend ist und sich dadurch bemerkbar macht, daß ein Raum- oder Kubikmeter Holz weniger braunen Holzstoff ergibt als weißen. Diese Differenz kann bei Kiefer bis zu 20 pCt. gehen, ist aber bei brauner Fichte etwas geringer. Diese hohe Zahl hat bei Verarbeitung von Kiefernholz noch ihren Grund darin, daß die Rinde durchschnittlich viel stärker als bei der Fichte ist, also ein größerer Schälverlust stattfindet. Da nun Kiefernholz billiger als Fichte ist, so gleicht sich die Differenz ziemlich aus, so daß der fertige braune Kiefernstoff ungefähr einen gleichen Wert mit dem weißen Fichtenstoff hat. Brauner Fichtenstoff muß aber unbedingt höher berechnet werden!

Eine wesentliche Abkürzung der Kochzeit und daraus folgende Ersparnis an Dampf lassen sich dadurch erzielen, daß man etwas über dem untersten Ablaßhahn noch einen kleinen Hahn anbringt, wie z. B. bei der Konstruktion Fig. 84, mit „b" bezeichnet, welcher während des Kochprozesses offen bleiben muß, damit im Kocher selbst stets eine Zirkulation und fortgesetzte Erneuerung des Dampfes eintreten können. Dieser Hahn muß möglichst an dem der Dampfeinströmung entgegengesetzten Ende des Kochers eingeschraubt sein, damit ein, wenn auch langsamer Durchzug des Dampfes durch die ganze Holzschicht stattfindet. Durch dieses einfache Mittel ist es möglich, bei 5 Atmosphären Druck das Holz schon in 5, ja sogar knapp 4 Stunden gleichmäßig durchzudämpfen, so daß es einen zwar hellen, aber sehr hübschen braunen Holzstoff ergibt.

Das **Schleifen des gedämpften Holzes** erfolgt nun, nachdem es entweder vor oder nach dem Dämpfen sauber geputzt worden ist, auf den gewöhnlichen Apparaten genau wie das weiße, ungedämpfte Holz. Eine Beschreibung braucht deshalb nicht noch einmal zu erfolgen, sondern es sei nur nochmals erwähnt, daß die Siebnummern auf den Zylindern der Vor- und Nachsortierer, sowie der Pappenmaschinen wegen der längeren Fasern des Fabrikates andere sein müssen, als bei den gleichen Hilfsmaschinen, welche weißen Stoff verarbeiten sollen. Für die Vorsortierer wählt man in der Regel Ueberzüge aus Gewebnummer 10, für die Nachsortierer Nr. 12 und als Ueberzug für die Pappenmaschinen Nr. 35. Letztere Nummer ist aber doch etwas zu grob, gibt zu viel Fasernverlust und kann deshalb auch bei braunem Stoff feiner genommen werden bis zu Nr. 50 oder Nr. 60. Wegen der Verschiedenheit dieser Zylinderüberzüge schon allein kann man nicht abwechselnd einmal braunen und das andere Mal weißen Holzstoff auf denselben Apparaten erzeugen. sondern stellt meist auf 1, 2 oder mehr Schleifern und den zugehörigen Raffineuren und Pappenmaschinen ununterbrochen braunen Holzstoff her, während man den weißen auf den übrigen, ganz davon getrennten Apparaten fabriziert.

Bei den schon öfter erwähnten Kraftschwankungen der meist durch Wasserkraft getriebenen Holzschleifereien kommen in wasserreichen Jahren oft Fälle vor, daß die überreichliche Produktion nicht genügend abgesetzt werden kann, oder wegen des durch das vermehrte Angebot sinkenden Preises nicht vollständig abgesetzt werden soll. Es ist dann unbedingt nötig, den fortgesetzt fertig werdenden Holzstoff in großen Posten und für längere Zeit zu lagern, um ihn für spätere bessere Geschäftszeiten aufzuheben. Das hat aber leider den Nachteil, daß sich sehr bald, besonders bei höherer Temperatur, an und in den feuchten Holzstoffpappen Schimmelpilze bilden, die schließlich den Stoff sehr verunreinigen, ihn wenigstens unansehnlich und schwerer verkäuflich machen. Da diese Schimmelbildung bei trockenen Pappen gar nicht und bei sehr feuchten am häufigsten vorkommt, so ersieht man schon daraus, daß die vorhin empfohlene nachträgliche Auspressung des Holzstoffes außer den erwähnten Vorteilen auch den im Gefolge hat, daß sich der Stoff länger hält, ehe er anfängt stockfleckig zu werden. Da man die Zeitdauer einer Periode von reichlichem Wasser nicht voraussehen kann, so würde manchmal dieses Auspressen schon genügender Schutz sein; oft aber muß die Lagerung drei und mehr Monate dauern, und dagegen ist bis heute wenigstens noch kein unfehlbares Mittel gefunden; denn ein Imprägnieren mit einem Desinfektionsmittel würde, wenn es konzentriert ist, meist zu teuer werden und andererseits den Stoff noch feuchter machen, also andere Nachteile besitzen. Kleinere Fabriken und solche, die mit sehr wechselnder Kraft arbeiten, machen es im umgekehrten Falle schon längst so, daß sie bei kleinem Wasser den ganzen Stoff gar nicht raffinieren, sondern mit allen Splittern in große Gruben oder gemauerte, mit Filterplatten zur Entwässerung versehene Kästen lassen und darinnen so lange aufbewahren, bis reichlicheres Wasser ein Fertigstellen ermöglicht. Der Stoff hält sich in den Gruben, besonders im Winter, sehr gut. Ebenso könnte man es, wenn genügender Platz vorhanden, auch bei reichlicher Kraft machen; selten aber werden die nötigen Kästen zu beschaffen sein. Von demselben Gedanken ausgehend, von dem Hauptteil des aufzubewahrenden Stoffes die Luft möglichst abzuschließen, habe ich in meiner Praxis folgenden Weg eingeschlagen: Ich ließ die einzelnen Pappen nicht wie gewöhnlich in Pakete zusammenschlagen, sondern flach auf die Wage setzen, und, nachdem sie gewogen, aus denselben hohe gleichmäßige Stöße, die bis nahezu an die Decke reichten, bilden, dicht daneben dann ringsherum neue Stöße aufbauen und jedesmal die engen Zwischenräume zwischen den einzelnen Stößen mit dickem breiigem Holzstoff ausgießen und schließlich das ganze mit ebensolchem Stoff verschmieren, respektive verputzen, so daß ein einziger großer scheinbar massiver Block dadurch entstand. Wenn das Mittel zwar auch nicht vollkommenen Schutz gegen Schimmelbildung gewährte, so wurde der Zeitpunkt des Beginns derselben doch wesentlich hinausgeschoben.

Ist die Schimmelbildung einmal so stark aufgetreten, daß der alte Stoff schwer verkäuflich ist, so bleibt nichts anderes übrig, als denselben noch einmal umzuschleifen und womöglich mit frischem Stoff zu versetzen.

Wichtiger als ein Mittel gegen den Schimmel anzuwenden ist nun aber, diese Pilzbildung so viel als irgend möglich zu verhüten, und dies ist einigermaßen zu erreichen, wenn berücksichtigt wird, daß im Safte geschlagenes, also im Frühjahr geschlagenes Holz schon beim Lagern im Wald oft besonders unter der Rinde die schwarze Pilzbildung zeigt und daß diese sich dann weiter noch auf dem Holzplatze entwickelt. Derartiges Holz wird natürlich beim Verschleifen die Keime zur Pilzbildung in weit höherem Maße in sich tragen, als anderes, welches im Winter gefällt wurde. Wenn man den Zeitpunkt des Schlagens nicht weiß, so läßt sich doch feststellen, ob Holz im Frühjahr geschlagen ist oder nicht, und zwar durch eine verdünnte Lösung von Jod in Jodkalium. Erfolgt beim Eintauchen des Holzes in dieselbe Blaufärbung, so ist dies ein Zeichen, daß Stärke vorhanden ist, welche bekanntlich diese Reaktion ergibt. Diese Stärkebildung erfolgt im Holz während des Winters, und tritt besonders in den Markstrahlen auf. Es kann also in diesem Falle das Holz nicht im Safte geschlagen worden sein. Färbt es sich dagegen rein gelb, so ist das ein Zeichen, daß keine Stärke vorhanden ist, daß man es also jedenfalls mit im Frühjahr gefälltem Holze zu tun hat. Vor allem ist also zu berücksichtigen, daß man kein schon verpilztes Holz schleift und daß das Holz auf dem Holzplatz so gelagert wird, daß die Luft jederzeit genügend hindurchstreichen kann und die Scheite nicht etwa feucht liegen. Wird bei öfterer Beobachtung des Holzlagers entdeckt, daß sich Pilze bereits gebildet haben, so ist es vorteilhafter, irgend ein Desinfektionsmittel auf das Holz zu streichen, und jedenfalls besser, als den fertigen Holzstoff später zu desinfizieren.

Schädlich ist es, große Haufen von Schälspänen in der Nähe der Holzlager aufzubewahren, da diese durch Regen oft naß werden und bei hohem Uebereinanderliegen im Innern Wärme entwickeln, wodurch die Pilzbildung sehr begünstigt wird.

Es liegt nun im Interesse jeder Holzschleiferei, welche mit Wasserkraft arbeitet, dahin zu trachten, daß sie in den Zeiten reichlichen Wassers Vorrat von Stoff ansammelt, um dann auch bei knappem Wasser gut liefern zu können;

denn die sonst stets auf das Geschäft den Ausschlag gebenden Momente, „Angebot und Nachfrage", bringen es ja mit sich, daß bei gutem Wasser hohe Produktion und mit ihr starkes Angebot die Preise drücken, während bei kleinem Wasser wenig Stoff produziert wird, die Nachfrage und mit ihr also auch die Preise steigen. Für gewöhnlich hat von diesen hohen Preisen der Handelsschleifer keinen oder nur geringen Vorteil; denn er kann dann meist kaum seinen Lieferungsverpflichtungen nachkommen, wenn er keine Vorräte angesammelt hat. Meist werden zudem die Jahresabschlüsse bei gutem Wasserstand gemacht und auf diesen hin, wenn die Preise niedriger sind; und dann kommt es leicht vor, daß man die Größe seiner Jahresproduktion überschätzt. Es ist dann gar nicht einmal nötig, daß noch ein abnorm trockner Sommer etwa dazu kommt, und der Schleifer kann seinen Verpflichtungen in bezug auf pünktliche Lieferungen nicht mehr nachkommen. Hat er dann in den Verträgen nicht ausdrücklich hervorgehoben, daß er nur Stoff eigner Produktion zu liefern verpflichtet ist, kann er leicht in die Lage kommen, von anderweit, vielleicht einer großen Dampfschleiferei, Stoff zu teuren Preisen kaufen und zu billigen liefern zu müssen. Es kann daher den Handelsschleifern, welche mit Wasserkraft arbeiten, nicht dringend genug empfohlen werden, doch ja nur Stoff eigner Produktion in den Verträgen zu verkaufen. Sonst dürfte Wassermangel nicht immer als „höhere Gewalt", welche von Lieferungsverträgen zeitweilig entbindet, angesehen werden. Hierbei sei gleich noch mit bemerkt, daß man bei allen diesen Verträgen ja genau angeben möge, ob es sich um nassen Stoff und von welchem Luft-Trockengehalt alsdann, oder um luft-, resp. absolut trocken gedachten Stoff handelt; noch mancher kleine Schleifer ist hier nicht genau, nicht vorsichtig genug beim Abschluß seiner Lieferungsverträge; wie oft plagt er sich dann das ganze Jahr hindurch für geringen, ja keinen Nutzen, wenn er nicht noch gar bares Geld zum Stoff zulegt.

Man muß sich immer vergegenwärtigen, daß noch kein Schleifer auf seinen Vorräten sitzen geblieben ist, die er in wasserreichen Zeiten etwa angesammelt hat; bei niedrigem Wasser verschwinden sie immer schnell genug wieder; bringen sie ihm noch bessere Preise, so besteht darin vielleicht gar der ganze Jahresverdienst noch. Blättert man nun z. B. die „Holzstoff-Zeitung“ durch, so findet man in derselben nicht wenig praktische Vorschläge, auf welche Weise man am besten feuchten Stoff aufbewahren kann, ohne daß er verdirbt. Da kommt Herr Arno Lorenz aus Hirschleithe im Preßnitzthal in Nr. 9 von 1894 zum Wort und empfiehlt auf Grund seiner langjährigen Beobachtungen, den in Pakete gelegten Holzstoff in einem leichten Barackenbau derart zu lagern, daß er einer fortwährenden Umspülung der atmosphärischen Luft ausgesetzt ist. Man macht die Pakete ganz wie sonst für den Transport, bloß nicht zu stark und legt sie kreuzweise in Stößen aufeinander, gerade wie die Eckstapel von Rollenholz, aber nicht zu hoch und auch nicht etwa dicht aneinander, so daß ja die Luft überall ungehindert Zutritt hat und hindurchstreichen kann. Hier wird also gerade das Gegenteil von dem empfohlen, was früher gesagt worden ist; doch dürfte das nur scheinbar sein, denn der völlige Luftabschluß wird das Wachstum der Pilze ebenso gut hindern, wie die freie Luftzirkulation; nur bei stagnierender Luft werden sich die Stockflecke bilden.

Das Lagerhaus soll selbst auch noch möglichst frei gelegen, luftig gebaut und nach außen hin mit jalousieartigen Brettern bekleidet werden, um den Regen abzuhalten. Selbstredend wird der Stoff beim längeren Lagern unter diesen Umständen bedeutend Wasser abgeben, also an Gewicht verlieren, dagegen am Trockengehalt entsprechend zunehmen, worauf man später beim Versand und Berechnen Rücksicht nehmen muß und wird. In den Nr. 15 und 16 vom Jahre 1896 bespricht Herr C. F. sowohl die großen Gruben für feuchten Stoff, als auch die vorerwähnten Trockenhäuser von Lorenz, von denen er viele besichtigt hat; in den meisten war der Stoff aber zu hoch und zu dicht aneinander aufgestapelt worden; auch er betont, daß überall die Luft zwischen den einzelnen Stößen und den Paketen hindurchstreichen können muß; Luft und Luft und abermals Luft ist die Hauptsache auch nach seinen Erfahrungen.

In Nr. 20 vom Jahre 1902 wird über den Holzstoff-

Imprägnierapparat von Gustav Fünfstück in Dohna berichtet. Von den verschiedenen antiseptisch wirkenden chemischen Mitteln wird hier eine Lösung von Zinkchlorid empfohlen, welche in dem „Immunisator“ getauften Apparate zur Verwendung kommen soll; derselbe besteht aus einer Verteilungsrinne, welche zur Aufnahme der Lösung dient; ein Filzstreifen überträgt sie von da auf die Imprägnierwalze, welche auf dem ausgegautschten Holzstoff der Formatwalze läuft; durch einen Hahn kann man den Zufluß der Konservierungsflüssigkeit in die Verteilungsrinne regulieren.

Die ganzen Kosten der Immunisierung betragen auf 100 Kilo nassen Holzstoffs nur 7 Pfg.! Man kann auch statt des Zinkchlorids doppeltschwefligsaures Natron nehmen, welches nicht bloß ebenfalls konservierend wirkt, sondern gleichzeitig auch noch bleichend und so dem Stoff eine höhere Weiße verleiht, ihn also auch wertvoller macht.

Quecksilber- (Sublimat-) lösung wirkt ja auch sehr günstig, selbst in größter Verdünnung; aber sie stellt sich doch wesentlich teurer.

In Nr. 16 vom Jahre 1903 berechnet „A. O.“ ausführlich die Kosten eines Teiches, den man 21 m lang, 21 m breit und 1 m tief macht; das ausgegrabene Erdreich ergibt dann einen Damm von 2 m Höhe, so daß man 3 m Tiefe bekommt und eventuell noch einen Meter mehr aufhäufeln kann; man mauert die Grube mit Bruchsteinmauer, unten 50 cm und oben 40 cm stark, ringsum aus und belegt den Boden mit Dielen; dann kostet die ganze Grube 2000 M. und kann 75 Doppelladungen feuchten Stoff aufnehmen, gleich 250 000 Kilo trocken gedacht; auf 100 Kilo trocken gedachten Stoffes entfallen somit jährlich nur 10 Pf. an Zinsen.

In Nr. 30 vom Jahre 1905 kommt Herr Eugen Kaul auf die Lagerschuppen zurück und tadelt an ihnen, daß sie meist nur einen einzigen Zugang haben, so daß man zuerst die hintersten Teile füllt und dann immer mehr zugibt, bis der Schuppen voll ist. In wasserarmen Zeiten nun beginnt man mit der Entnahme und muß dann natürlich den frischesten Stoff zuerst nehmen, während der älteste ganz zuletzt an die Reihe kommt; und dieser ist dann doch meist etwas stockfleckig geworden, namentlich wenn die Luft nicht genügend Zutritt hat und daher nicht flott wechseln kann.

Deshalb muß eine wirklich gute Stoffniederlage so eingerichtet sein, daß der Stoff Ein- und -Ausgang in derselben Reihenfolge möglich ist, wie die Fabrikation erfolgte. Das gelingt nun am einfachsten so, daß man

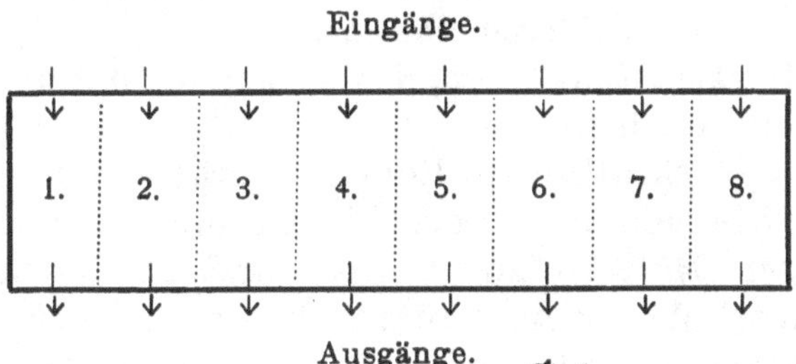

Fig. 85

den langen Lagerschuppen in eine Anzahl Kammern teilt, welche jede auf der einen Seite einen Ein-, auf der anderen Seite einen Ausgang hat. Man schafft allen erzeugten Stoff in den Schuppen und füllt nach und nach die einzelnen Kammern damit, bei Nr. 1 beginnend; beim Versand alsdann nimmt man stets den ältesten Stoff, auch wieder mit Nr. 1 anfangend; somit wird kein Stoff etwa länger im Schuppen lagern als höchstens 2 Monate; legt man auf beiden Längsseiten des Schuppens Schmalspurgleis, so ist der ganze Transport sehr bequem; noch besser, wenn man auf der Verladeseite gleich ein Eisenbahnanschlußgleis legen und dann aus dem Schuppen direkt in die Waggons verladen kann. Dabei bleibt dann der Stoff auch am saubersten, und die Aufbewahrungskosten desselben sind alsdann äußerst geringe.

In jeder gut geleiteten Fabrik muß nun natürlicher Weise nicht nur die tägliche Produktion, eventuell die Produktion jeder Schicht genau aufgeschrieben werden; denn das ist schon aus rein geschäftlichen Interessen notwendig; sondern es müssen nach den verschiedensten Richtungen hin Beobachtungen gemacht und Rechnungen aufgestellt werden, um daraus etwaige Fehler und günstigste Produktionsverhältnisse kennen zu lernen und danach notwendige Abänderungen zu treffen. Besonders zu wasserarmen Zeiten kann dies oft von großer Wichtigkeit sein, und diese Zeiten treten fast jedes Jahr, teils im Sommer, teils im Winter, ein. Ein Mittel hierzu sind die sogenannten **Schleifergebnisse.**

Um diese festzustellen, ist es zunächst notwendig, an dem ersten jeden Monats früh 6 Uhr eine vollständige Inventur von sämtlichen Rohholzvorräten auf dem Holzplatze, sowie von allen geschälten und sonst in Arbeit befindlichen Hölzern zu machen und ebenso alle Stoffvorräte möglichst genau aufzunehmen. Es ist dies zwar, besonders im Winter, wo das im Freien lagernde Holz von dickem Schnee bedeckt ist, eine unangenehme und zeitraubende Arbeit, aber für das Geschäft selbst ist diese Einrichtung von großem Vorteil. Diese Ergebnisse jeden Monats weichen natürlich meist etwas von einander ab; doch erhält man aus dem Durchschnitt der 12 Resultate schließlich ein viel genaueres Ergebnis, als wenn man jährlich nur einmal Inventur machen würde. Bezüglich der Bücherabschlüsse und geschäftlichen Resultate genügt ja auch der Jahresabschluß, der meist vom kaufmännischen Standpunkte aus Interesse hat; aber zur Beurteilung der inneren Fabrikationsweise notwendig und einflußreich auf die Fabrikationsart sind die jetzt zu besprechenden Schleifergebnisse.

Als Beispiel eines solchen seien nun in etwas abgekürzter Art folgende Zahlen und Zusammenstellungen vorgeführt:

1. Oktober.

Schleifholzergebnis pro September 18 . .

Fichte.	Bestand am 1. September. Gesamtsumme	1369 rm
	Neue Anfuhr	— „
		1369 rm
	Bestand auf dem Holzplatz und in der Fabrik am 1. Oktober	1083 „
		286 rm

Verschliffen: 1369—1083 = 286 Rm Fichte à 7,60 = M. 2173,60

Außerdem	Kiefer . .	23 „	„ 4,75 = „	109,25
	Tanne . .	2 „	„ 7,30 = „	14,60
	Pappel . .	2 „	„ 4,— = „	4,—
		313 Rm	=	M. 2305,45
		16 „	Fichte zu Braun verschliffen	
		297 Rm	verschliffen zu **Weiß.**	

Produktion von Weiß. Fichtenstoff 242 500 kg.
Ergebnis: 816,5 kg pr. 1 rm Schleifholz (naß gerechnet).

Weißer Fichtenstoff Bestand am 1. Oktober 7200 kg

Bestand am 1. September	14 450 kg
Produktion	242 500 „
	256 950 kg
Verladen: 25 Waggons .	250 000 „
Bestand: Sollgewicht .	6950 kg

In Wirklichkeit sind 7200 kg dagewesen, also ein Plus von 250 kg vorhanden, was bei den großen Gewichtsmengen als genau stimmend angenommen werden muß.

Brauner Fichtenstoff. Bestand am 1. Oktober 2250 kg

Bestand am 1. September .	— kg
Produktion	4850 „
	4850 kg
Zur Papierfabrik	2600 „
Bestand	2250 kg

Kiefernholz. Bestand am 1. September 290 rm

	Neu angefahren . . .	4 „
		294 rm
Bestand am 1. Oktober	209 rm	
in der Fabrik, gedämpft	62 „	
	271 rm	271 „

Verschliffen: 23 rm zu Weiß.

Brauner Kiefernstoff. Bestand am 1. September 204 950 kg

Verladen: 45 000 kg gepreßt = 54 000 kg ungepreßt 45 950 „ ungepr. = 45 950 „ „	99 950 „
Bestand am 1. Oktober	105 000 kg

Weide und Pappel. Bestand am 1. September 26 rm
„ „ 1. Oktober 22 „
4 rm
ins Brennholz gekommen 2 „
Verschliffen: 2 rm

Zur besseren Verdeutlichung des Betriebes und des Entstehens dieser Schleifholzergebnisse sei gleich noch der nächstfolgende Monat hier als Beispiel angeführt:

1. November 18 . .
Schleifergebnis pro Oktober.

Fichte.

Bestand am 1. Oktober 1083 rm
Angefahren neu . . . 63 „
1146 rm

Bestand an Fichte am 1. November 768 rm
8 „ gedämpft
776 rm
7 „ zu Brennholz
783 rm

Verschliffen: 1146 — 783 rm = 363 rm à 7,60 = M. 2758,80
Kiefer 25 „ „ 4,75 = „ 118,75
Tanne 2 „ „ 7,30 = „ 14,60
390 rm M. 2892,15
31 „ zu Braun
359 rm verschliffen zu Weiß.

Produktion von Weiß. Fichtenstoff 267 250 kg
Ergebnis: 744,4 kg pr. 1 rm Holz.

Weißer Fichtenstoff. Bestand am 1. November 12 350 kg
Bestand am 1. Oktober 7200 kg
Produktion . . . . 267 250 „
274 450 kg
Verladen: 26 Waggons 260 000 „
Bestand: Sollgewicht 14 450 kg
In Wirklichkeit . . 12 350 „
2 100 kg Manko weil 10 000 kg gepreßt verlad. wurd.

Brauner Fichtenstoff. Bestand am 1. November 2300 kg

Bestand am 1. Oktober .	2250 kg
Produktion	20050 „
	22300 kg
Verladen	20000 „
Bestand am 1. November .	2300 kg.

Kiefernholz: Bestand am 1. Oktober . . .		271 rm
Angefahren		180 „
		451 rm
Bestand am 1. November	226 rm	
Außerdem gedämpft . .	100 „	
	326 rm	326 „
Verschliffen		125 rm
		à 4,75 = M. 593,75.

Brauner Kiefernstoff: Bestand am 1. November 43400 kg

Bestand am 1. Oktober .	105000 kg
Produktion	87700 „
	192700 kg
Verladen: 30000 kg gepreßt = 36000 kg; 100000 „ ungepr. = 100000 „	136000 „
	56700 kg
— Bestand am 1. November —	43400 „
	13300 kg
— schmutzigen Stoff umgeschliffen —	5150 „
	8150 kg Manko.

Diese Differenz ist durch **Auspressen** des Stoffes entstanden.

Schleifholzergebnis: 660,4 Kilo pro 1 rm Holz.

Diese hier angegebenen Zahlen, die doch nur ein Beispiel sein sollen, entsprechen zwar nicht genau der Wirklichkeit, würden auch, da die Aufstellung nur zwei Monate umfaßt, keinen genügend genauen Durchschnitt ergeben, spiegeln aber doch nach mancher Richtung hin tatsächliche Verhältnisse wieder.

Man bemerkt schon oberflächlich daraus, daß das Schleifholzergebnis für weißen Fichtenstoff 816,5 kg im September und 744,4 kg im Oktober, also durchschnittlich 777,1 kg pro 1 rm Holz beträgt. Der Jahresdurchschnitt wird natürlich noch genauer sein. Das gibt, wenn der Trockengehalt, wie er damals war, nur zu 38 pCt. angenommen wird, ca. 300 kg trockenen Stoff pro 1 rm Fichtenholz. Anders gestaltet sich das Ergebnis für das gedämpfte Kiefernholz, wo allerdings nur bei einem Monatsbetriebe 660 kg naß = 250 kg trocken (bei 38 pCt.) herauskommen. Jedenfalls ist der Ertrag des Holzes durch das Dämpfen, wie man sieht, bedeutend geringer geworden.

Der braune Fichtenholzstoff, wovon in den vorliegenden Monaten nur 4850 + 20 050 = 24 900 kg naß geschliffen wurden, ergibt nur 529,8 kg naß = 201,3 kg trockenen Stoff pro 1 rm Holz.

Ein späterer Monat ergibt 239 kg trocken pro 1 rm.

Diese Resultate sind jedoch unbedingt zu klein, und der Fehler rührt daher, weil brauner Fichtenstoff nur ausnahmsweise und verhältnismäßig in kleinen Quantitäten hergestellt wurde. In Wirklichkeit muß das Ergebnis zwischen 250 und 300 kg liegen, da bei Fichtenholz durch das Schälen nicht so viel abfällt, als bei Kiefernholz. Nach von anderen Seiten und von anderen Standpunkten aus gemachten Beobachtungen ist gefunden worden, daß ein Schleifer pro 24 Stunden 400 kg trockenen weißen Fichtenstoff durchschnittlich fertig brachte, und daß 100 kg trockener Stoff in 24 Stunden mit 6 bis 6½ Pferdekräften herzustellen war.

Eine andere sehr wichtige Frage ist in der Praxis die, ob mit den vorhandenen Kraftmitteln, meist also in diesem Falle mit der vorhandenen Wasserkraft, genügend viel Stoff fertig gestellt wird, respektive wie man sich zu verhalten hat, wenn die Wasserkraft klein ist und immer kleiner wird. Ich habe da speziell in meiner Praxis eine **Krafteinheit** gefunden und weiteren Berechnungen zugrunde gelegt, welche letztere ganz interessante Aufschlüsse gaben und zugleich eine Art Kontrolle über die Arbeiter bildeten. Es standen nämlich der betreffenden Fabrik zwei gleiche Turbinen zur Verfügung, welche ihre Kraft direkt auf ein und dieselbe Hauptwelle übertrugen. Jede Turbine besaß 36 Zellen, von denen allemal 3 nebeneinander liegende durch einen Schieber oder Deckel zugedeckt, also abgestellt werden konnten. Es waren also für jede Turbine 12, im ganzen also 24 Schieber vorhanden, so daß ich 24 Stück einzeln und selbständig regulierbare Zellen annehmen konnte. Bei vollem Wasser wurde mit 24 Zellen, bei kleinerem mit weniger Zellen gearbeitet. Da nun aber im Laufe des Tages und der Nacht sehr oft der Wasserstand größer oder kleiner wurde, so mußten zu verschiedenen Zeiten Zellen auf- oder niedergedreht werden, und deshalb richtete ich ein Buch ein, in welches die Transmissionswärter bei jedem Wechsel der Wasserkraft Datum, Stunde und Anzahl der Zellen einzutragen hatten, mit welchen gerade gearbeitet wurde. Da nun 24 Zellen vorhanden waren und der Tag 24 Stunden hat, so regelt sich als Einheit die **Zellenstunde**, d. h. die Kraft, welche eine Zelle während einer Stunde ausübte. Bei voller gleichmäßiger Kraft kamen also in diesem speziellen Falle 24 . 24 = 576 Zellenstunden in Betracht, womit dann die tägliche Produktion an Holzstoff in Verhältnis zu setzen war. Monate lang fortgesetzt, ergaben die angefertigten und täglich vervollständigten Tabellen besonders bei mittlerem und schwankendem Wasserstand ganz interessante und lehrreiche Beobachtungen.

Als Beispiel einer solchen, nur ca. 14 Tage umfassenden tatsächlichen Aufzeichnung bei sehr veränderlichem Wasserstande will ich zunächst einmal die damaligen Verhältnisse angeben. (Siehe Seite 134.)

Man ersieht hieraus, daß die Beobachtung im Winter gemacht wurde, wo in der Regel kleines Wasser ist, daß aber trotzdem drei Tage lang mit voller Kraft, 576 Zellenstunden, gearbeitet werden konnte, da wahrscheinlich Regen oder Tauwetter eingetreten war. Die Produktionszahlen sind daher sehr verschieden, während die Einheiten, die Produktion pro 1 Zellenstunde, nicht so wesentlich von einander abweichen. Immerhin aber schwanken sie bei diesem Beispiele zwischen 37,2 kg bis 55,2 kg, das würde bei vollem Betriebe 37,2 . 576 = 21 427 kg oder 55,2 . 576 = 31 795 kg ergeben. Zum größten Teil liegt dies daran, daß nicht gleichmäßig nur eine Sorte Holz, sondern weißes Fichtenholz und gedämpftes Kiefernholz in verschiedenen Verhältnissen geschliffen wurde. Nimmt man die drei stärksten Produktionstage zusammen, so ergibt sich, daß in Summa 71 800 kg, darunter 27 800 kg Braun, geschliffen wurden, das sind = 38,7 pCt. Braun; die zugehörige Durchschnittseinheit war dabei 41,6 kg pro 1 Zellenstunde. Die vier letzten Tage vom 28. bis 31. Dezember ergaben in Summa 22 950 kg und dabei 20 000 kg = 46,6 pCt. Braun. Die Durchschnittseinheit war 52,1 kg pro Zellenstunde. Diese verhältnismäßig höhere Produktion konnte also nur

Datum	Turbinen-Zellen-stunden	Produktion pr. Tag		kg pro 1 Zellen-stunde
		Weiß Fichtenstoff	Braun Kiefernstoff	
		kg	kg	
16. Dezbr.	334	7 600	6 500	42,1
17. „	498	13 450	8 400	43,9
18. „	526	16 450	8 400	47,2
19. „	560	14 700	9 450	43,1
20. „	576	13 050	8 450	37,3
21. „	576	15 600	9 400	43,4
22. „	576	15 350	9 950	43,9
23. „	492	13 150	8 250	43,5
24. „	316	8 350	4 550	40,8
25. „	—	—	—	—
26. „	222	5 300	2 950	37,2
27. „	225	6 300	4 350	47,3
28. „	203	4 800	5 200	49,3
29. „	203	5 500	5 200	52,7
30. „	226	6 400	5 200	51,3
31. „	193	6 250	4 400	55,2

erreicht werden, indem man bei dem kleineren Wasserstande verhältnismäßig mehr braunes Holz schliff, als weißes. Sie würde noch bedeutend erhöht worden sein, wenn man gar kein weißes, sondern nur braunes Holz geschliffen hätte. Da man sich aber in der Praxis nicht allein nach der Zweckmäßigkeit, sondern hauptsächlich nach dem Bedarfe richten muß, so läßt sich die Theorie nicht allein durchführen. Soviel wie möglich muß man sie aber berücksichtigen. Wird auf allen Schleifern nur Weiß geschliffen, so hat sich ein Monatsdurchschnitt von 33 kg pro 1 Zellenstunde ergeben, welcher an gewissen Tagen bis auf 31 kg herabging.

Es gibt nun aber noch ein anderes Mittel, mit Hilfe der oben erwähnten Tabellen andere vorteilhafte Betriebsweisen zu finden und rechnungsmäßig festzustellen. Gerade bei kleinem Wasserstande, wo der Stoff überall knapp ist und naturgemäß der Preis in der Regel ein höherer wird, ist es für den Fabrikanten wichtig, die geringe ihm zur Verfügung stehende Wasserkraft soviel als irgend möglich auszunutzen, und dies kann geschehen, wenn man das Holz nicht so verschleift, wie es gerade zufällig zur Hand ist, sondern wenn man es an solchen Zeiten besonders aussucht. Die meisten Schleifereien müssen einen großen Holzvorrat auf ihren Lagerplätzen haben, und da ist es ganz natürlich, daß sich dicke und dünne Hölzer entweder schon getrennt von einander oder vermischt mit einander dort befinden. Manche Fabriken, die nahe an großen Waldungen liegen, kommen besonders in die Lage, oft auch sehr dicke Hölzer zu verschleifen, die anderswo gar nicht für diese Zwecke Verwendung finden. Es ist zwar nach mancher Richtung sehr angenehm; der Ertrag ist sehr günstig; aber Tatsache ist, daß sich diese Hölzer, die in der Regel auch noch viel dichter gewachsen sind, viel schwerer verschleifen, als dünne und locker gewachsene Stämme, daß also bei gleicher Kraft dann weniger fertig wird. Ich habe zu Zeiten, wo nur Weiß geschliffen wurde, abwechselnd nur starkes Holz (25 bis 30 cm dick und mehr) hinter einander geschliffen, und dann wieder ausgesucht schwaches. Das Resultat dieser Beobachtungen war, daß im ersten Falle der durchschnittliche Wert der Produktion pro eine Zellenstunde = 34,4 kg, im zweiten Falle bei schwachem Holze dagegen 47,85 kg betrug. Das sind aber 39 pCt. mehr als bei starkem Holz; man vermag also bei entsprechend richtiger Auswahl des Rohstoffes eine große Erhöhung der Produktion zu erreichen, wenn dies, wie z. B. bei Kraftmangel, besonders wünschenswert ist. Es soll damit nicht gesagt sein, daß die Verarbeitung von dickem Holz im allgemeinen zu verwerfen wäre; denn die erwähnten Nachteile des schweren Schleifens gleichen sich durch andere Vorteile wieder aus; nur zu bestimmten Zeiten wird es sich empfehlen, dasselbe auf günstigere Verhältnisse aufzuheben.

Die regelmäßige Fortführung und Beobachtung der Zellenstunden-Tabellen kann aber auch noch zu anderen Resultaten führen. So wurden z. B. zu einer Zeit die Produktionsverhältnisse pro 1 Zellenstunde nach und nach immer kleiner, ohne daß eine bestimmte, erkennbare Ursache dazu vorhanden gewesen wäre. Man mußte schließlich auf fehlerhaftes Funktionieren der Turbinen schließen; diese wurden untersucht, und es fand sich in der Tat eine Menge Laub darin, welches Zellen ganz oder zum Teil verstopft hatte. Es waren also Zellen als wirksam mit zur Rechnung gelangt, welche, weil verstopft, gar nicht mitgearbeitet hatten. Ebenso kann die Arbeit der einen Schicht fortgesetzt mit der der anderen Schicht verglichen werden, und es wird sich bald herausstellen, ob die Arbeit der einen Partei stets der anderen gleicht, oder ob eine etwa im Fleiß gegen die andere zurücksteht. —

Es sei hier ein Bericht eingeschoben, den Professor E. Kirchner-Chemnitz im „Wochenblatt für Papierfabrikation“, Nr. 8 von 1907, über Schleifversuche von einem Großkraftschleifer von J. M. Voith erstattet hat:

Bekanntlich wird seit Jahren auch in Deutschland unter hohem Flächendruck auf langen (oder hohen) Flächen mit Vorteil Holz geschliffen. Es ist ein die deutsche Holzstoffindustrie förderndes Verdienst der Firmen J. M. Voith in Heidenheim und E. Holtzmann & Cie., Weisenbachfabrik, Riesenschleifer dieser Art, welche 1 m langes Holz schleifen, ausprobiert und eingeführt zu haben.

Ende vorigen Jahres erfreute mich der ehrenvolle Auftrag der Firma Voith, einigen Versuchen persönlich beizuwohnen, und es wird gewiß auch von den Holzschleifern dankbar anerkannt werden, daß die Erlaubnis erteilt wurde, hier ein hochinteressantes Versuchsresultat mitteilen zu dürfen.

Bericht

über einen Schleifversuch mit einem hydraulischen Großkraftschleifer von 1 m Arbeitsbreite im Beisein von Professor E. Kirchner, Chemnitz, und den Vertretern der Firma J. M. Voith, Heidenheim.

Die Anlage besteht aus einer Spiralturbine mit direkt gekuppeltem Großkraftschleifer von 1 m Arbeitsbreite nebst Splitterfänger 1200 mm breit und Stoffwasserpumpe. Der Stoffbrei wurde einer Zentrifugalsortiermaschine Größe II mit 1 mm Rundlochung zugepumpt. Nur die rotierende Stoffbreipumpe mit Splitterfänger und Preßpumpe für die Pressen des Schleifers wurden von der Schleiferturbine angetrieben, während die weiteren Nebenmaschinen von einer besonderen Turbine in Bewegung erhalten werden.

Kaltschliffversuch,

vorgenommen am 10. Dezember 1906, von morgens 7 Uhr bis mittags 1 Uhr.

Im Betrieb waren:

1. die Spiralturbine mit voller Leitschaufelöffnung, 70 mm und 11,430 m Gefälle, 690 PS. leistend.

2. der hydraulische Großkraftschleifer für 1 m breites Holz, 1225 mm Steindurchmesser, durchschnittliche Tourenzahl n = 253.

3. die Zentrifugalpumpe für das Heben des Stoffwassers auf die Sortierung, 25 PS. absorbierend.

4. das Spansieb, 3 PS. brauchend.

5. 1 rotierende Sortiermaschine, Größe II, 1 mm Rundlochung.

6. 6 Schüttler, dreisiebig, 500 mm breit; im Betrieb von morgens 7 Uhr bis mittags 2 Uhr 10 Min.

7. 4 Rundsieb - Entwässerungsmaschinen, 860 mm Zylinder-Durchmesser, 1450 mm lang; im Betrieb von morgens 7 Uhr bis mittags 2 Uhr 10 Min., während eine 5. Maschine insgesamt 1 Stunde und 20 Min. in Betrieb war.

8. 1 Raffineur, System Nacke, 1000 mm Steindurchmesser, im Betrieb von morgens 8 Uhr bis mittags 2 Uhr 10 Min., mit Pumpe und Raffineurbütte.

Die unter 5 bis 8 angeführten Maschinen werden von einer besonderen Turbine betrieben.

Der Stein wurde vor Beginn zur Hälfte geschärft, während die andere Hälfte nach dreistündigem Betrieb ebenfalls leicht geschärft wurde. Der regulierende Preßwasserdruck auf die Kolben betrug im Mittel 4,26 Atm.

Im ganzen wurden während des sechsstündigen Versuches 10,3 rm (als geschältes Holz gemessen) Holz verschliffen; die ergibt pro Stunde:

$$\frac{10,3}{6} = 1,7166 \text{ rm/Stunde.}$$

(Gesamtleistung pro 24 Stunden umgerechnet:

$$M = 24 \times 1,7166 = 41,2 \text{ rm.})$$

Als Spritzwasser auf den Schleifer kam Frischwasser von 2° C zur Verwendung.

Das Gesamtgewicht des wirklich verschliffenen Holzes betrug:

$$10,3 \times 406,4 = 4186 \text{ kg.}$$

Die erreichte Produktion an Schabstoff in Rollen, naß gewogen, betrug 10 513 kg. Der durchschnittliche Trockengehalt desselben betrug nach der Untersuchung der Fabrik 30,54 pCt.

Die Produktion an lufttrockenem Holzstoff von 88 pCt. in 6 Stunden demnach

$$0,3054 \times 10\,513 = 3210,67 \text{ kg.}$$

Dieses Quantum lufttrockenen Holzstoffes würde demnach eine Ausbeute pro rm geschältes Holz von

$$\frac{3210,67}{10,301} = 311,7 \text{ kg ergeben.}$$

Durch gute Stoffanganlage wurden noch 4 pCt. (geschätzt) Fasernstoffe zurückgewonnen, die ebenfalls noch dem Schleifer zugute gerechnet werden müssen. Mit diesem Fangstoff ergäbe sich also eine Ausbeute pro rm von

311,7 und ca. 4 pCt. = ca. 324,16 kg.

Die tatsächliche, durch den Versuch nachgewiesene Produktion an lufttrockenem Holzstoff in 24 Stunden betrug, ohne den erwähnten Fangstoff,

$$4 \times 3210,67 = 12\,842,7 \text{ kg,}$$

incl. 4 pCt. Fangstoff 13 356,4 kg.

Für den Betrieb der Stoffpumpe 25 PS. und des Spänesiebes 3 PS. an der Leistung der Spiralturbine abgezogen, ergibt für den Schleifer 662 PS. netto Kraftverbrauch.

Hieraus ergibt sich die für die Erzeugung von 100 kg lufttrockenen Holzstoffes in 24 Stunden erforderliche Anzahl von Pferdestärken aus $\frac{662 \text{ PS.} 100}{13356{,}4} = 4{,}958$ PS. reine Schleifkraft = rd. 5 PS. ohne Nebenmaschinen und Transmissionsverlust.

Die während des Versuches angefallenen Splitter vom Splitterfänger und den Schüttlern wogen naß 100 kg.

Hiernach sind für 100 kg lufttrockenen, weißen Holzschliff, für *gutes* Rotationsdruckpapier *vorzüglich geeignet*, *rund* 5 PS. gebraucht. Es stand engringig gewachsenes Schleifholz von 10/25 cm zur Verfügung. Beachtenswert ist die enorme Leistung von 13⅓ t lufttrockenem Stoff in 24 Stunden an *einem* Schleifstein.

Ein weiterer 6-Stundenversuch am 11. Dezember bei Zugabe von wenig Spritzwasser und in dickem Stoffe watendem Steine (Warmschliff), bei sonst ganz gleich bleibenden Verhältnissen, ergab etwa 20 pCt. höheren Kraftverbrauch à 100 kg, aber noch feineren schmierigeren Stoff.

Ein Urteil, ob Kalt- oder Warmschleifen vorzuziehen sei, läßt sich erst nach Ausprobieren der richtigen Steinmarke, des zweckmäßigsten Flächendruckes usw. und nach längerem Dauer-Warmschleifbetrieb fällen.

Es sind nun noch schließlich die *Trockengehalts-Ermittelungen* zu besprechen, die für den Fabrikanten sehr wichtig sind, da sie in sehr vielen Fällen die Quelle von Streit mit den Abnehmern bilden und die Ursache von Geldabzügen werden, die stets unangenehm sind, mögen sie nun gerechtfertigt sein, oder nur in der Einbildung der Abnehmer beruhen.

Da der Holzstoff fast nur in nassem Zustande geliefert und verarbeitet wird, aber natürlich nur das Trockengewicht bezahlt werden kann, so kommt es selbstverständlich darauf an, dieses Trockengewicht mit möglichster Genauigkeit festzustellen. Dabei kommt aber nicht die absolute Trockenheit in Frage, sondern der Zustand, wie sich der Stoff bei normaler Luftbeschaffenheit befindet, aus der er, wenn er absolut trocken war, bei längerem Lagern wieder 12 pCt. Feuchtigkeit anzieht, die also hinzugerechnet werden müssen. Trotzdem der Holzstoff aber nun bei der Fabrikation scheinbar ganz gleichmäßig über die Apparate hinweggeführt und das Wasser mit stets gleichem Druck herausgepreßt wird, so ist wohl eine allgemeine, äußere Gleichmäßigkeit vorhanden, aber die einzelnen Tafeln und Rollen stimmen niemals ganz genau in ihrem Feuchtigkeitsgehalte überein. Es kommen dazu noch andere Ursachen, welche diese Differenzen noch größer machen: z. B. geschieht die Aufstapelung des Stoffes vor der Verladung, die niemals in Quantitäten unter 200 Zentner erfolgt, in hohen Stößen, und hierbei zieht sich das im Stoff enthaltene Wasser nach und nach immer mehr nach unten, so daß der Stoff in der Nähe des Bodens, besonders bei längerem Lagern, stets feuchter ist als oben. Andererseits trocknet die im Lokale herrschende Wärme oder etwaiger Zug die Stoffhaufen an der äußeren Seite mehr aus, als im Innern. Dasselbe geschieht in erhöhtem Maße, wenn der Stoff auf Wagen verladen oft stundenweit nach dem Bahnhof gefahren und von einem anderen Bahnhof auf gleiche Weise nach der Papierfabrik befördert wird. Sonne und Luft wirken da noch mehr ein, und andererseits wird Regen direkt oder indirekt dazu beitragen, den Feuchtigkeitsgehalt zu vermehren. Keinesfalls wird jemals eine Sendung von 200 Zentnern Holzstoff in allen ihren Teilen gleichmäßigen Trockengehalt haben, und es würde nur Zufall sein, wenn die vom Verkäufer genommenen Proben genau mit den vom Käufer erhaltenen Ergebnissen übereinstimmten. Eine andere Frage freilich ist es, ob jeder wegen unvermeidlicher kleiner Differenzen einen heftigen Streit mit dem Holzstofflieferanten anfangen wird. Glücklicherweise ist das nicht der Fall, wenn die beiden Geschäftsfirmen von sich gegenseitig überzeugt sind, daß die Trockengehaltsprüfungen regelmäßig und nach bestem Wissen und Gewissen stattfinden. Es gibt aber auch sogenannte „scharfe“ Kunden, welche sich hierbei nicht beruhigen, sondern das von ihnen gefundene Resultat als das allein richtige anerkannt wissen und nur darnach den

Preis bezahlen wollen. Schon solcher Leute wegen muß die Prüfung stets möglichst genau erfolgen, und dies kann nur geschehen, wenn möglichst viel Proben, und zwar aus dem Innern der Rollen und von ganz verschiedenen Teilen der Sendung, genommen werden.

Die einfachste und weit verbreitetste Art dieser Trockengehaltsermittelungen besteht nun darin, daß man von möglichst verschiedenen Rollen große Stücken, $^1/_4$ bis $^1/_2$ □m groß, abreißt, jedes Stück genau wiegt und die gefundene Zahl mit Blaustift direkt auf den Stoff schreibt. Dann stellt, legt oder hängt man diese Proben auf den Dom eines Dampfkessels oder auf ein Dampfrohr und läßt sie so lange dort, bis sie absolut trocken sind, d. h. bis keine Gewichtsabnahme mehr zu konstatieren ist. Das dauert in der Regel einen Tag, manchmal auch länger. Aus dem Anfangs- und Endgewicht läßt sich dann leicht der absolute Trockengehalt berechnen; denn wenn z. B. eine Probe naß 2043 g und absolut trocken 612 g wog, so ist der absolute Trockengehalt 29,96 pCt. Erfahrungsgemäß sind 12 pCt. hinzuzufügen, so daß in diesem Falle der lufttrockene Holzstoff zu 33,55 pCt. zu rechnen und in Rechnung zu stellen wäre. Rechnet man die 12 pCt. Zuschlag den 612 g hinzu, was 685,4 g ergibt, so hat man gegen 2043 g des Naßgewichtes ebenfalls einen Trockengehalt von 33,55 pCt. Selbstverständlich wird jede der einzelnen Proben ein etwas verschiedenes Resultat ergeben, so daß dann der Durchschnitt aus den 10 bis 20 Proben ein annähernd richtiges Ergebnis darstellen muß.

Genau genommen ist diese Berechnungsweise nicht richtig; denn schlägt man zum absoluten Trockengewicht gleich 100 pCt., die 12 pCt. Feuchtigkeit einfach zu, so haben diese 112 Teile lufttrockenes Gewicht nicht 12 pCt. Feuchtigkeit, sondern nur 10,714 pCt. Deswegen ist es beim Zellstoff längst anders eingeführt; denn es haben 100 Teile lufttrockener Stoff in Wirklichkeit 12 Teile an Feuchtigkeit und 88 Teile absolut trockenen Stoff; man rechnet daher 88 Teile absolut, gleich 100 Teile lufttrockenem Stoff; dies wären z. B. bei 29,96 pCt. absolut nicht 33,55 pCt., sondern 34,05 pCt. lufttrockener Stoff.

Diese einfachste Methode der Trockengehaltsermittelung steht nun aber nicht etwa wesentlich gegen die später aufgekommenen komplizierteren Arten zurück, besonders wenn von jeder Verladung eine genügende Anzahl von Proben genommen wurde. Der Vorteil liegt darin, daß die zu untersuchenden Holzstoffstücke groß sind und so gewissermaßen jedes einzelne schon einen Durchschnitt einer Anzahl kleinerer Proben darstellt; denn, wie schon erwähnt, ist der Trockengehalt einer Tafel Holzstoff nicht an allen Stellen gleich groß. Jedenfalls ist es zu empfehlen, auch da, wo man mit eigentlichen Trockenöfen arbeitet, noch diese oder die zunächst zu beschreibende Methode beizubehalten, um jederzeit eine Kontrolle zu haben, die Anzahl der Untersuchungen zu vermehren und so der Wahrheit immer näher zu kommen.

Eine schon seit vielen Jahren mit Vorliebe angewendete Art besteht darin, einen großen, aus Holz oder Eisenblech angefertigten Kasten zu benutzen, welcher im Innern Abteilungen hat und mittels eines hindurchgehenden Dampfrohres beliebig geheizt werden kann. Auch in diesem Falle kann man ziemlich große Proben benutzen, die einzelnen genau abgewogenen Stücke auf Drahtgewebe legen, zugleich viele Trocknungsversuche auf einmal ausführen und hat nur darauf zu sehen, daß durch ein Loch oder Abzugsrohr der sich beim Trocknen entwickelnde Dampf entfernt wird, damit er sich nicht an den Wandungen wieder kondensiert und den Stoff von neuem anfeuchtet. Dadurch, daß man den Kasten abschließen kann, ist noch der Vorteil gegeben, daß die Proben vor jedem Eingriff Unberufener geschützt sind, eine absichtliche oder unabsichtliche Veränderung derselben ausgeschlossen ist und daher die Trockengehaltsergebnisse Anspruch auf genaue Sicherheit haben, wenn die damit betraute Person mit der üblichen Sorgfalt und Genauigkeit verfährt.

Da nun aber bei vielen Holzschleifereien Dampf überhaupt nicht notwendig ist, so sind verschiedene Trockenapparate konstruiert worden, bei welchen die notwendige Heizung nicht durch Dampf, sondern durch Spiritus, Gas oder Petroleum ausgeführt wird, und es ist natürlich, daß in diesen Fällen von dem Trocknen großer Proben abgesehen werden muß. Man hat nur aus möglichst viel verschiedenen Pappen kleine Stücke herauszunehmen, diese in noch kleinere Teile zu zerzupfen, das Ganze zusammen zu wiegen und dann die Trocknung beginnen zu lassen.

Der am weitesten verbreitete derartige Trockenapparat ist von Dr. O. Knöfler in Charlottenburg, dessen Kon-

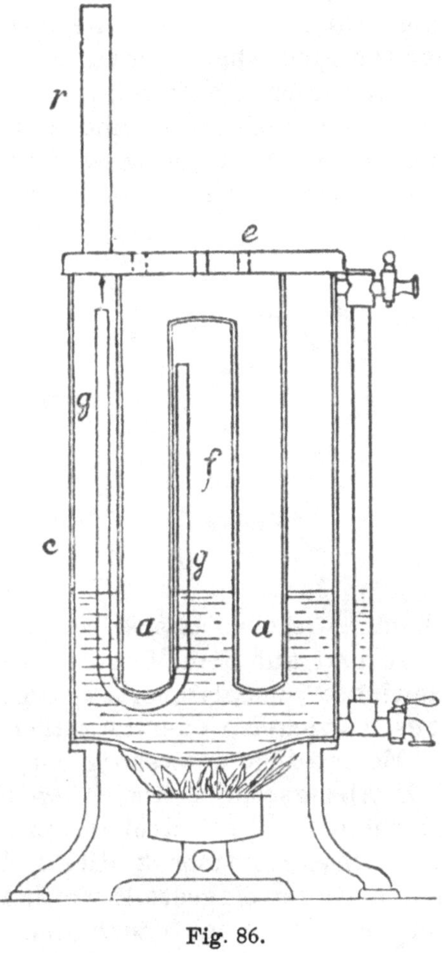

Fig. 86.

struktion der Durchschnitt Figg. 86 und 87 zeigt. Er besteht der Hauptsache nach aus einem aus Eisenblech gefertigten Zylinder c, der gegen zu schnelle Abkühlung äußerlich durch einen dickeren Stoffüberzug geschützt ist. Von oben durch das Abzugsrohr r füllt man Wasser hinein, dessen Höhestand durch ein Wasserstandglas von außen kontrolliert wird und welches durch eine Gasflamme oder Petroleumlampe unter dem Zylinder erhitzt, respektive in kochenden Zustand versetzt werden kann. Damit die vom Wasser ausgehende Wärme den zu trocknenden Stoff von allen Seiten leicht durchdringen kann und die Stofflage nicht zu dick wird, ist dem eigentlichen Trockenraume eine ringförmige Gestalt gegeben, die aus dem Grundriß, respektive horizontalen Querschnitt, Fig. 87, ersichtlich ist (siehe a). In diesen ringförmigen Raum hinein paßt ein aus Drahtgeflecht gefertigter und aus zwei Teilen bestehender sogenannter Korb, der den klar zerzupften und zu trocknenden Holzstoff aufzunehmen bestimmt ist und

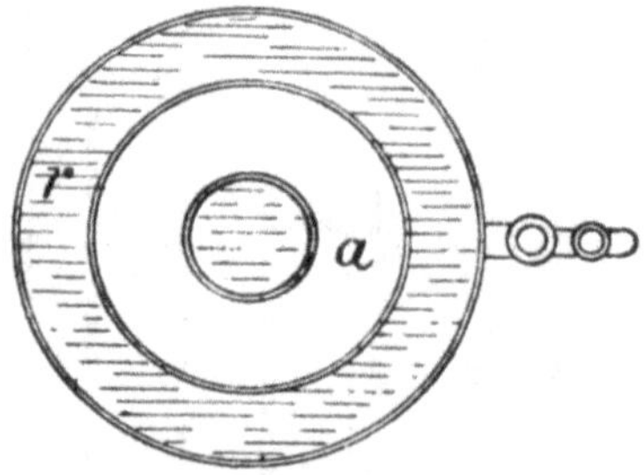

Fig. 87.

welcher durch eine Oese an das kurze Ende eines Wagebalkens gehängt und auf dem längeren Hebel durch verschiebbare Gewichte ausbalanciert werden kann, so daß ein eigentliches Abwiegen weder im naßen noch trocknen Zustande des Holzstoffes notwendig ist. Hierbei bietet das abgedrehte Abzugsrohr r die Stütze für den Wagebalken w und seine Zunge, indem durch eine in Fig. 89 ersichtliche Klemmvorrichtung k dieser Balken je nach Bedarf höher oder tiefer eingestellt werden kann und man es zugleich in der Hand hat, auch den Aufhängepunkt des Korbes genau zentral einzustellen, damit sich der letztere in dem ringförmigen Raum a leicht auf und nieder bewegen kann, ohne an den Seitenwandungen anzustoßen. Dieses Anstoßen muß vermieden werden, da es Reibung erzeugt und das genaue Resultat der Trockengehalts-Ermittelung beeinträchtigen würde.

Der besseren Deutlichkeit wegen ist diese Aufhänge-

respektive Wiegevorrichtung in den Figg. 88 und 89 besonders gezeichnet und in Figg. 86 und 87 weggelassen. Man ersieht aus der Zeichnung, wie die erwähnte Verschiebung erfolgen kann.

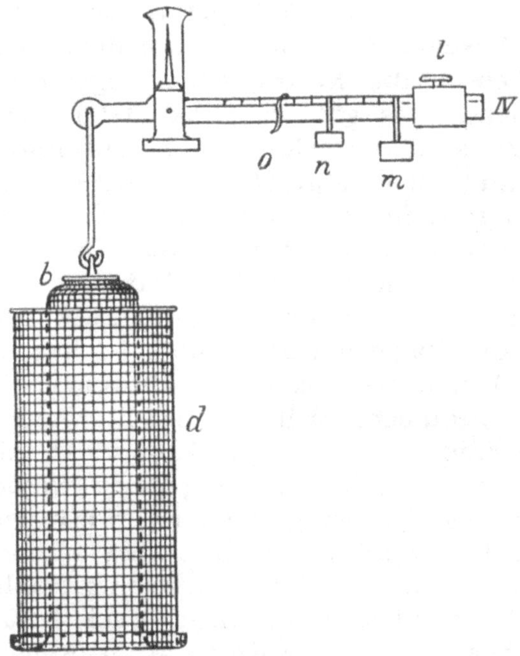

Fig. 88.

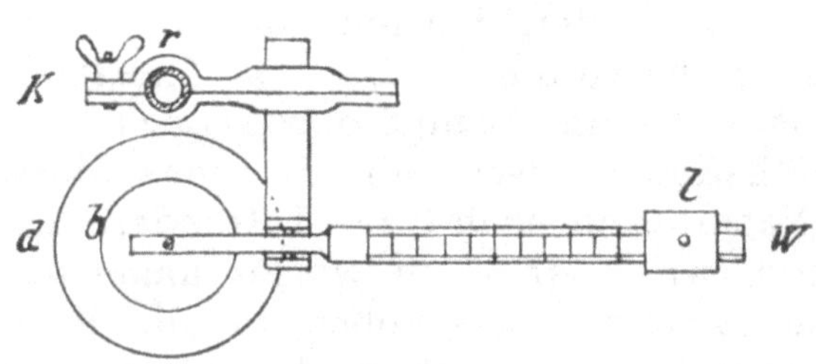

Fig. 89.

Soll nun mit dem Apparat gearbeitet werden, so wird zunächst das Wasser eingefüllt, der Deckel e abgenommen und die Wage so hoch geschraubt, daß der Korb d frei über dem Zylinder c hängt, wenigstens so weit hervorragt, daß man den Korb bequem beschicken kann. Dann schiebt man zunächst das Laufgewicht l so weit an das äußere Ende des Hebels, bis der am kurzen Hebel hängende Korb genau ausbalanciert ist, d. h. der Hebel horizontal steht und die senkrechte Zunge genau mit der angegebenen Marke übereinstimmt. Der lange Hebel ist durch Einkerbungen in 10 gleiche Teile geteilt, und außerdem sind drei verschiedene Gewichte vorhanden, welche durch kleine Haken in die Kerben eingehängt werden können und von denen das größere zirka 300 g ausbalancieren kann, wenn es in die zehnte, d. h. äußerste Kerbe eingehängt wird. Ist dies geschehen, wird so viel klein zerzupfter Holzstoff in den ringförmigen Korb getan, bis die Zunge den normalen, senkrechten Stand erreicht hat; der Korb wird wieder so tief in den Zylinder c gesenkt, daß der Deckel auf demselben festgeschraubt werden kann, wobei aber die Wagevorrichtung noch leicht auf und nieder spielen muß, und jetzt kann die Erhitzung des Wassers im Zylinder beginnen. Während der Prozedur der anfänglichen Trocknung braucht der Korb nicht an der Wage zu hängen, sondern kann abgenommen werden. Sobald das Wasser ins Kochen geraten ist, wird sich natürlich etwas Dampf entwickeln, der durch das Abzugsrohr r entweichen kann, und dazu daß auch der im Hohlraum f entstehende Dampf nicht etwa einen Druck ausübt, sondern ebenfalls abgeht, dient das Knierohr gg, welches jede Ansammlung unmöglich macht. Damit überhaupt jede unnötige Dampfentwickelung fortfällt, dreht man die Heizflamme so weit nieder, daß nur ein schwacher Nebel aus dem Rohre r hervorquillt. Das im Holzstoff gewesene Wasser entweicht als Dampf durch Löcher, welche sich im Deckel befinden, eventuell aber verschlossen werden können. Nähert sich nach 3 bis 4 Stunden die Trocknung ihrem Ende, wird der Korb wieder angehängt und das Gewicht m so weit vorgeschoben, bis der Korb, der jetzt leichter geworden ist, wieder ausbalanciert wird. Mit den beiden nächsten Gewichten n und o kann man am Ende der Trocknung diese Ausgleichung aufs genaueste vollziehen, nachdem konstatiert worden ist, daß eine Gewichtsabnahme überhaupt nicht mehr stattfindet. Zugleich gibt die Stellung dieser Gewichte den gefundenen Trockengehalt in Prozenten an, da das Gewicht n genau der zehnte Teil von m, und o wieder der zehnte Teil von n oder der hundertste Teil von m ist. Es ist also, wie schon erwähnt, eine eigentliche Wägung weder des nassen noch des getrockneten Holzstoffes notwendig, sondern nur eine Ablesung von der Skala des langen Hebels, welche ergibt, der wievielte Teil das absolute Trockengewicht von dem Naßgewichte ist. Da die Gewichte im Verhältnis zu 10 zu einander stehen und auch die Skala zehnteilig angenommen wurde, ist der ermittelte absolute Trockengehalt in Prozenten und Bruchteilen davon abzulesen. Dies ist am besten aus einem Beispiel zu ersehen. Steht nämlich das Gewicht m auf Kerbe 4, n auf 1, o auf 5, so ist der gefundene Trockengehalt 41,5 pCt. oder, wenn m auf 2, n auf 9 und o auf 8 steht = 29,8 pCt. Rechnet man zu diesen beiden Zahlen die erfahrungsmäßig festgestellten und im Handel angenommenen 12 pCt. Luftfeuchtigkeit hinzu, so erhält man im ersten Falle: 41,5 . 0,12 = 4,98 und im zweiten 29,8 . 0,12 = 3,576 als Zuschlag. Das Verkaufstrockengewicht wird demnach zu 46,48 pCt. und 33,376 pCt. anzunehmen sein.

Um eventuell gleichzeitig eine größere Anzahl von Trockengehalts-Untersuchungen machen zu können, wird der erwähnte Apparat auch so gebaut, daß in einem gleich hohen aber weiten Zylinder 4 bis 6 der jetzt beschriebenen Apparate eingesetzt und durch eine einzige größere Flamme geheizt werden können. Dies ist für gewisse Fälle empfehlenswert, meist aber nicht notwendig.

Einen ähnlichen und in Hunderten von Exemplaren verbreiteten Apparat zur Ermittelung des Trockengehaltes hat E. Kirchner gebaut, und zwar in zwei größeren Konstruktionen. Es ist ein dreimanteliger Apparat mit Wasserbad, dessen erste Konstruktion durch eine offene Flamme und dessen andere durch Dampf geheizt wird. Beide sind in Kirchners Technologie III. A., Seite 159 abgebildet und beschrieben.

Er hat eine tassenähnliche Form und enthält im Innern Siebe, auf welche das abgewogene Trockengut gelegt wird. In diesen eigentlichen Trockenraum ist durch eine Hülse von außen ein Thermometer gesteckt, mittels welchem man die darinnen herrschende Temperatur stets ablesen kann. Sie schwankt allerdings nicht wesentlich, da die Hitze durch ein Wasserbad, wie auch bei Knöfler, immer auf nahezu 100° Celsius gehalten wird. Der Raum ist durch einen doppelten Deckel abgeschlossen, durch welchen ein hohes Luft- und Dampfabzugsrohr hindurchgeht, wodurch noch eine das Trocknen beschleunigende Luftzirkulation hervorgerufen wird. Das innere Gefäß umgibt ein Mantel, und der Zwischenraum wird dann mit Wasser ausgefüllt, welches durch eine darunter stehende Petroleumlampe oder eine andere Flamme zum Kochen gebracht wird. Der dritte Mantel dient dazu, die heißen Verbrennungsgase der Flamme aufzunehmen, das Wassergefäß dadurch auch an den Seitenwandungen zu erwärmen und zugleich die Luft anzuwärmen, welche den inneren Trockenraum durchstreichen soll. Die zweite Konstruktion ist ganz ähnlich, nur daß hier die Heizung nicht durch eine offene Flamme, sondern durch eine Dampfschlange erfolgt, welche zwischen den äußeren und mittleren Mantel gelegt ist. Der Dampf wird bis wenig über eine Atmosphäre abgedrosselt, und ein Manometer gestattet, den Druck abzulesen und zu kontrollieren. Die Arbeitsweise des Apparates ist dieselbe wie vorher beschrieben.

Am Schluß ist nun noch einer Verpflichtung Erwähnung zu tun, welche das Reichsgesetz schon seit Jahren den Inhabern einer großen Anzahl von Fabriken, besonders auch den Holzschleifereien, auferlegt hat.

Es bezweckt dieses Gesetz, den in der neueren Zeit immer mehr hervortretenden Zustand der rücksichtslosen Verunreinigung der Wasserläufe durch die Abgangwässer der fraglichen Fabriken zu beseitigen, und verbietet daher das direkte Ableiten dieser Abwässer in die Flüsse und Bäche. Obwohl an großen Flüssen und in weniger industriereichen Gegenden dieser Punkt früher jahrelang nicht sehr streng gehandhabt wurde, so kann man doch jetzt wohl annehmen, daß dies Verbot in allen Teilen des Deutschen Reiches und meist auch in anderen Ländern überall durchgeführt ist und die Besprechung dieser oft tief einschneidenden Beschränkung allgemeines Interesse verdient.

Es unterliegt keinem Zweifel, daß in industriereichen Gegenden, besonders durch chemische Fabriken, Färbereien usw., oft ein Zustand in den Flußläufen hervorgerufen worden ist, der schon im Interesse der Allgemeinheit unbedingt Abhilfe dringend verlangte. Die Holzstoffabrikation verursacht nun zwar nur eine mechanische Verunreinigung der Flüsse, indem durch die verschiedenen Siebüberzüge der Sortierzylinder sowie der Pappenmaschinen die kleinsten und feinsten Fasern verloren, d. h. mit hindurchgehen, in den Abwässern mit in den Fluß gelangen und dort eine oft nicht unbedeutende milchige Trübung verursachen; aber es ist Tatsache, daß diese feinen Fasern sich nach und nach in den Kiemen der Fische festsetzen und so den Tod einer großen Anzahl derselben verursachen. Wenn auch die Fischerei in bezug auf Wichtigkeit sich nicht mit der Industrie vergleichen kann, so hat sie doch ebenso ein Recht auf Schutz, und dieses war zum Teil die Veranlassung zu dem erwähnten Verbote, daß im ganzen Deutschen Reiche Fabrikabwässer, wenn sie chemisch oder mechanisch verunreinigt sind, nur erst nach einer Reinigung in die Flußläufe gelassen werden dürfen.

Für die vorliegende Industrie wird es in den meisten Fällen genügen, wenn es die Lokalverhältnisse gestatten, mehrere große Teiche anzulegen, in welche die Abwässer hineingeführt werden. Ist der Inhalt dieser Reservoirs groß genug, so steht das Wasser darin fast ruhig, so daß sich alle schwereren Teile, auch die Fasern, zu Boden setzen können und das Wasser dann am Ende geklärt abfließt, so daß eine wesentliche Verunreinigung dadurch nicht mehr zu befürchten ist. Hat sich nach und nach der Teich mit Stoffabsatz gefüllt, so muß ein zweiter Teich zur Benutzung kommen. Das Wasser im ersten wird abgelassen, der Stoff eine Zeitlang stehen gelassen, bis er sich durch Schaufeln herauswerfen läßt, und dann der Teich von dem Schlamm gereinigt, bis er seine ursprüngliche Tiefe wieder erhalten hat. Hierbei erst zeigt es sich, wie groß doch der Verlust an Fasern gewesen ist und wie groß die Verunreinigungsfähigkeit der Abwässer war. Der so wieder gewonnene Stoff, der auch durch Erde usw. stark verunreinigt ist, wird allerdings oft keinen weiteren Gebrauchswert besitzen, als daß er zu Dünger verwendet wird.

Je nach den Terrainverhältnissen oder aus anderen Gründen wird es aber an vielen Stellen nicht möglich sein, genügend große Teiche anzulegen, und da tritt die etwas kostspieligere Einrichtung von gemauerten, oder aus Holz hergestellten tiefen Reservoirs an die Stelle, die noch den Vorteil hat, daß durch Wiedergewinnung und eventuelle Weiterbenutzung des schon verloren gewesenen Stoffes die Kosten der Reinigungsanlage ganz oder zum Teil aufgehoben werden.

Da die Abwässer aus Holzschleifereien nicht nur die durch die Sortierapparate und Pappenmaschinen hindurchgegangenen Holzfasern enthalten, sondern auch allen Holzstoff, welcher bei den einzelnen Maschinen herausspritzt, überläuft, oder auf den Boden fällt, durch Besen in die teilweise offenen Abführschleusen gekehrt wird, so ist der durchschnittliche Abfallstoff durch Schmutz, Besenteile usw. in einer Weise verunreinigt, daß im voraus nicht daran zu denken ist, den wiedergewonnenen Abfall als guten, brauchbaren Holzstoff verwenden, oder etwa mit demselben vermischen zu wollen. Unter allen Umständen wird er nur zu untergeordneten Zwecken dienen können. Darum hat es auch in den Fällen keinen Nutzen, die beiden Abwässer auseinander zu halten, wo, wie es oft geschieht, in ein und demselben Lokal weißer und brauner Holzstoff geschliffen wird. Man kann die Abwässer ruhig zusammenlassen und erhält dann einen hellbräunlichen Stoff, der wegen der Beimischung der längeren braunen Fasern für manche Zwecke noch verwendungsfähiger geworden ist. Nur ist es anzuraten, daß aller Inhalt der Abwasserschleuse einen durchlöcherten Blechkasten passiert, damit durch diesen die mit fortgeschwemmten Besenteile sowie andere Holzstücke zurückgehalten werden.

Nach dieser Vorbesprechung sei zunächst einer Klärvorrichtung Erwähnung getan, die in der Hauptsache aus einer tiefen, gemauerten, trichterförmigen Grube besteht, die selbstverständlich je nach der Größe des betreffenden Betriebes einen kleineren oder größeren Inhalt haben muß. Je größer derselbe ist, desto besser wird naturgemäß die

Wirkung der Klärvorrichtung sein. Nach meinen Erfahrungen kann ich sagen, daß die genügende Ruhe in der Wassermenge schon erreicht wird, wenn man pro einen Schleifapparat oder pro eine Pappenmaschine den Fassungsraum des Bassins zu 65 bis 70 Kubikmeter annimmt. Das gibt für größere Fabriken mit z. B. 8 Defibreurs schon eine Grube, die 520 bis 560 Kubikmeter Wasser fassen muß, also bedeutende Dimensionen und feste solide Ausführung

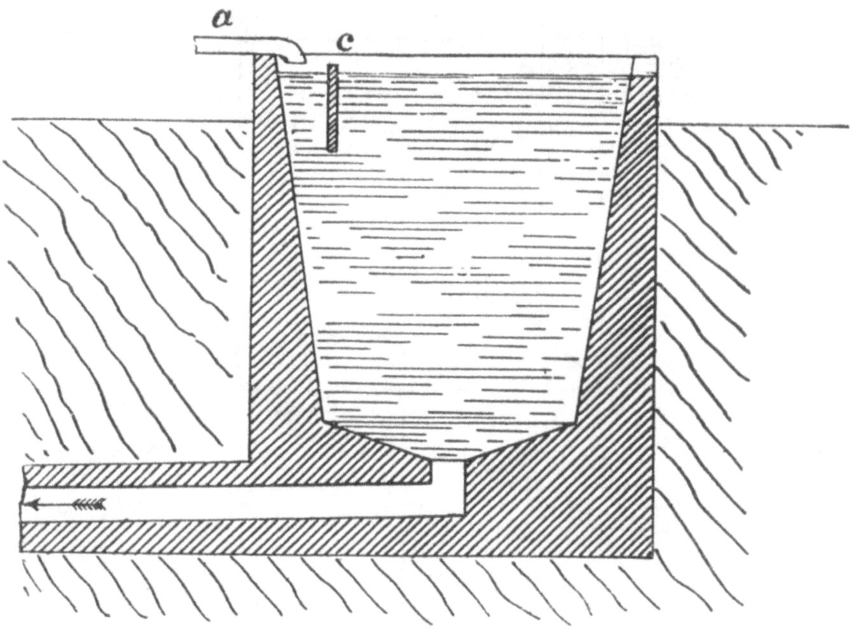

Fig. 90.

verlangt. Damit sich der absetzende Stoff auf keine zu große Fläche verteilt, sondern möglichst nach einem Punkte hin gleiten kann, wird die Grube, wie erwähnt, nach unten enger und auch die Bodenfläche ist geneigt, wo sich ein viereckiges Loch befindet, von welchem aus ein Kanal in das Fabrikgebäude führt und durch welchen mittels einer geeigneten Stoffpumpe der am Boden sich ablagernde Stoff von Zeit zu Zeit wieder nach der Fabrik befördert wird, um dort auf einer Pappenmaschine, getrennt von dem guten Holzstoff, wieder zu einer minderwertigen Pappe verarbeitet zu werden. So ohne weiteres geht dies jedoch nicht; denn die aufgefangenen feinen und kurzen Fasern, die meist schon einmal durch die verschiedenen Siebüberzüge hindurchgegangen sind, würden bei der erneuten Pappenbildung zum größten Teil wiederum verloren gehen und damit nur ein Kreislauf erreicht werden. Entweder muß man den Pappenzylinder mit einem viel feineren Siebe überziehen, oder, was noch einfacher und besser

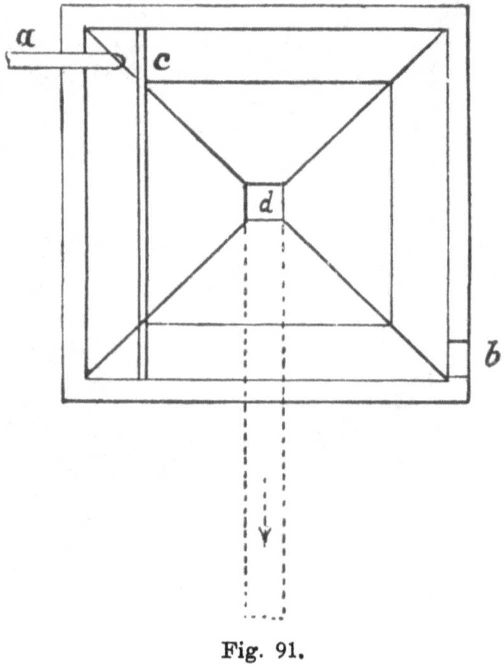

Fig. 91.

ist, die Umdrehungsgeschwindigkeit des Zylinders respektive der ganzen Pappenmaschine fast auf die Hälfte herabsetzen. Macht man dies nicht, so wird durch die zu schnelle Umdrehung des Zylinders der ihn umgebende verdünnte Stoff heftig bewegt und die einzelnen Fasern geradezu durch die Siebmaschine hindurchgespült, so daß eine Pappenbildung kaum möglich ist. In den Figuren 90 und 91 erfolgt bei a der Eintritt des Fabrikabwassers, an der gegenüber gelegenen Seite bei b der Austritt des gereinigten klaren Wassers und am tiefsten

Punkte bei d in der Richtung des Pfeiles das Abpumpen des abgelagerten Stoffes. Damit nun das ungereinigte Wasser nicht etwa auf dem kürzesten Wege von a nach b fließt, wobei die Reinigung nur unvollständig geschehen würde, so ist es wichtig, nicht weit vom Eintritt entfernt, quer über das ganze Bassin hinweg, eine hölzerne Scheidewand anzubringen, die nicht bis auf den Boden zu gehen braucht, sondern nur den Zweck hat, einen sich etwa auf der Oberfläche bildenden, schneller fließenden Strom zu verhindern. Der Erfolg wird dadurch vollkommen erreicht.

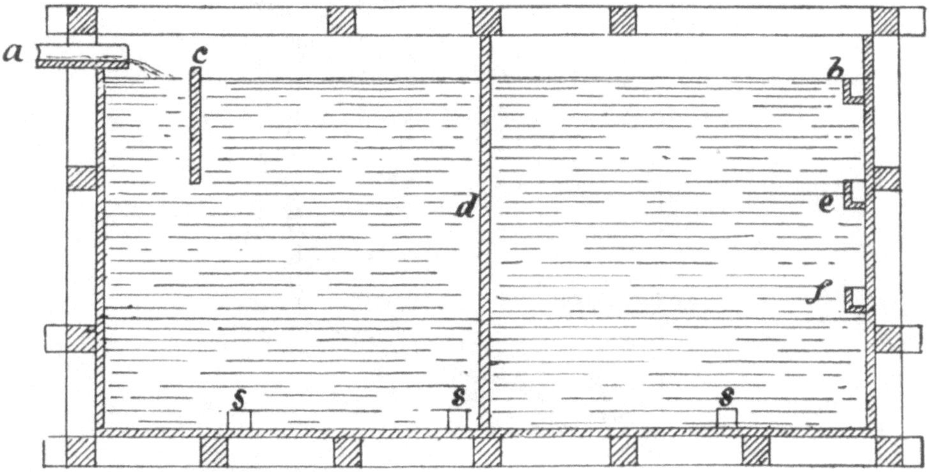

Fig. 92.

Ich selbst habe in meiner Praxis die wohl rationellste, nach unten sich verengende Grubenform wegen lokaler Verhältnisse nicht anwenden können, sondern ließ aus starken Balken und Bohlen ein großes rechteckiges Bassin herstellen, welches durch diverse eiserne Anker und Schrauben noch zusammengehalten wurde und dem allerdings großen Wasserdruck auch wirklich Stand hielt, sowie seinem Zwecke, die Stoffabsetzung zu bewirken, durch seine Größenverhältnisse auch vollkommen entsprach. Im allgemeinen aber wird besonders bei großen Dimensionen die Anwendung von Holz weniger zu empfehlen sein, da der Bodendruck und der auf die Seitenwände so bedeutend ist, daß die fortgesetzte genaue Dichthaltung aller einzelnen Teile nicht gerade leicht zu erreichen ist und andererseits doch auch die Haltbarkeit gegen genügend starkes Mauerwerk zurücktreten muß. Der Boden des Bassins war selbstverständlich nach der Vorderseite geneigt, so daß sich die Hauptmasse des Stoffes nach dieser Richtung hin absetzte.

Die Figur 92 zeigt die Anlage im Aufriß, respektive Längsdurchschnitt, Fig. 93 im Querschnitt und 94 im Grundriß. Daraus ersieht man, daß das ganze Bassin noch

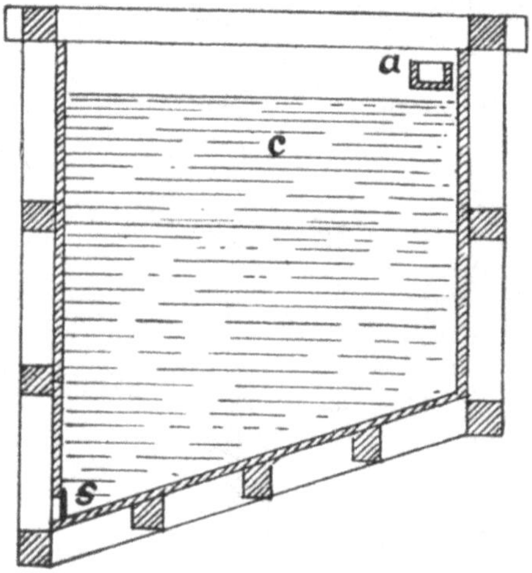

Fig. 93.

durch eine Querwand d in zwei Teile geteilt ist, welche nur den Zweck hatte, die beiden in jener Fabrik gleichzeitig hergestellten Stoffarten, den weißen sowie den braunen Holzstoff, auch in ihren Abwässern auseinander zu halten. Nach den früher gesagten Bemerkungen über die Qualität des wiedergewonnenen Stoffes ist diese Trennung aber eigentlich nicht notwendig und wurde später auch unterlassen.

Da es bei der Anlage der vorstehenden Klärvorrichtung zunächst darauf ankam, der Vorschrift der Behörde Folge zu leisten und die im Fabrikabwasser mit fortgeführten Stoffasern zurückzuhalten, ohne daß die Menge und

Qualität dieses Abfalles bekannt war, so verzichtete ich zunächst auf das direkte Herauspumpen des abgesetzten Stoffes aus dem Bassin und legte quer vor das Bassin einen großen zirka 15 m langen Stoffang F an, der die Breite eines Maschinensiebes hatte und dessen Boden mit solchem bereits benutzten Siebe beschlagen war. Drei durch die Schieber verschließbare Oeffnungen führten

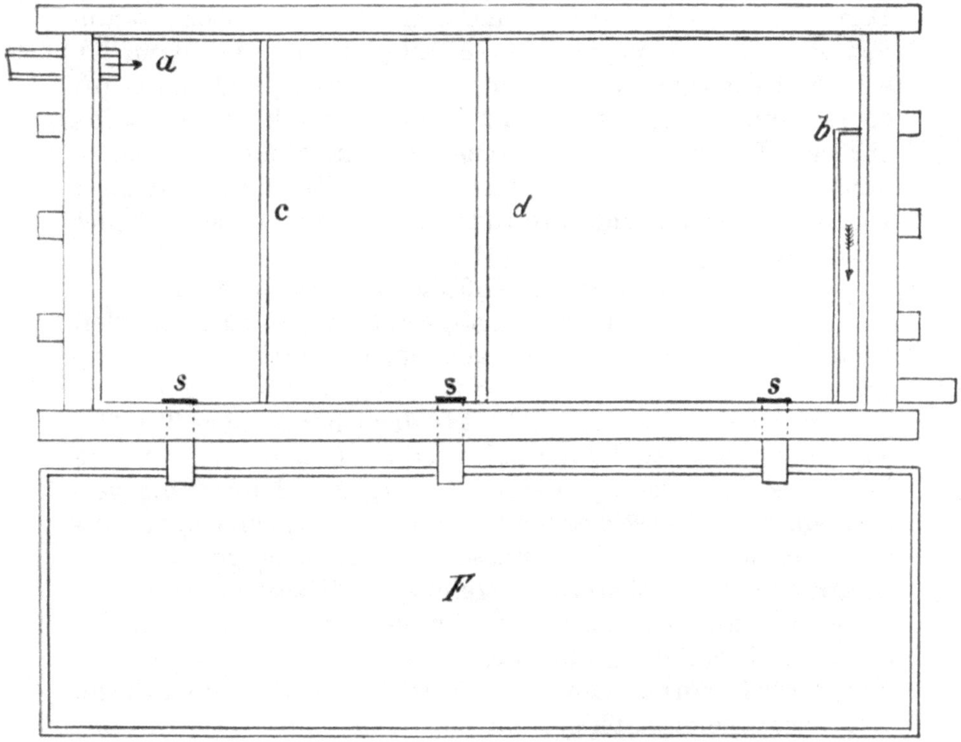

Fig. 94.

den ziemlich dicken Stoff durch Rohrstutzen auf den Stofffänger, nachdem das meiste des darüber stehenden Wassers durch die tiefer als Rinne b liegenden Rinnen e und f abgeleitet worden war. Durch das feine Sieb des Stofffängers wurde dem dicken, aufgelassenen Brei das Wasser bald entzogen, so daß der Stoff leicht mittels Schaufeln herausgeworfen und in Haufen aufgeschichtet werden konnte. Erst da war zu erkennen, welch kolossale Mengen

Fasern bisher verloren gegangen waren, aber ebenso, daß der wiedergewonnene Stoff sich nicht dazu eignete, unter den guten Holzstoff gemischt zu werden. Um eine angemessene Verwendung für die verhältnismäßig großen Mengen des nun zu erwartenden Abfallstoffes zu finden, versuchte ich nun, aus den bereits vorhandenen großen noch weichen Haufen ziegelsteinartige rechteckige Stücke herauszustechen, diese erst an der Luft und Sonne vorzutrocknen und die absolute Trocknung dann auf dem Dampfkessel, respektive anderen heißen Orten vorzunehmen. Das Resultat war ein ausgezeichnetes; denn ich erhielt Bausteine, welche ungeheuer leicht und dabei oft so fest und zähe waren, daß man sie auch auf scharfen eisernen Kanten mit dem besten Willen nicht zerschlagen konnte. Andererseits ließen sich diese Steine mit der Säge wie Holz zersägen und mit anderen Werkzeugen wie solches bearbeiten.

Um auch die anderen Abfälle, die sich seit Jahren in der betreffenden Schleiferei angesammelt hatten, zu gleichem Zwecke verwenden zu können, namentlich schmutzigen Fallstoff, Sägespäne und Holzrinde, so nahm ich je einen Teil dieser drei Bestandteile, tat dazu noch einen Teil des wiedergewonnenen Fangstoffes, sowie einen Teil Ton und ließ alles zusammen in einem Kollergang gleichmäßig vermahlen, mit Wasser anfeuchten und innig mischen. Aus der so erhaltenen steifen Masse ließ ich durch gewöhnliche Ziegelformen Backsteine streichen, dieselben wie die erste Art an der Luft und Sonne vertrocknen und die absolute Trocknung auf oder neben Dampf- respektive Kochkesseln vornehmen. Die Form der so erhaltenen Ziegel war noch gleichmäßiger und scharfkantiger, das Gewicht aber natürlich größer als das der erstbeschriebenen Art, wenn auch noch viel geringer als jenes der gebrannten Backsteine. Auch die Zähigkeit von Sorte II kam der von I nicht gleich; im Feuer eines Dampfkessels verbrannten sie nach langer Zeit nur wenig, setzten also dem Feuer großen Widerstand entgegen. Jedenfalls spornten mich die ersten Versuche an, aus den schon ziemlich groß gewordenen Vorräten an Fangstoff auf die angegebene Art Tausende von Holzziegeln herstellen zu lassen durch einfaches Herausstechen aus dem Haufen mittelst einer Form aus Eisenblech und dieselben an einen Baumeister zu verkaufen, der sich dafür interessierte und praktische Versuche damit zu machen versprach. Zugleich ließ ich mir auf mein Verfahren beim Deutschen Patentamt den Musterschutz erwerben und erhielt denselben auch unter Nr. 17 394 auf „Backsteine, die aus Holzabfällen aller Art bestehen".

Später erhielt ich von dem erwähnten Baumeister, der zugleich Nachbestellungen machte, sehr zufriedenstellende Angaben über die bei der praktischen Verwendung gemachten Erfahrungen, woraus hervorging, daß sie bei mehreren Häusern verwendet wurden und sich wegen ihrer Leichtigkeit und Warmhaltung der Wände sehr gut bewährt hätten. Die Leichtigkeit von nur 560 g pro 1 Ziegel der ersten und noch nicht 1 kg pro 1 Ziegel der zweiten Sorte wäre von noch Niemandem übertroffen worden; der Kalk trockne beim Vermauern sehr schnell, hafte gut und es fände eine sehr gute Verbindung statt; er bewundert geradezu die Zähigkeit und Tragkraft der Ziegel, gedenkt sie zur Isolierung bei Bruchsteinmauern zu verwenden und sagt schließlich, daß es wegen der großen Leichtigkeit der Bausteine kein besseres und billigeres Hilfsmittel gäbe, um leichte, warme Wände, wo angebracht, zu schaffen.

Da die vorstehende Entwickelung dieser Versuche naturgemäß längere Zeit in Anspruch nahm und sich der Fangstoff immer mehr anhäufte, wurde schließlich der im Bassin abgesetzte Fangstoff durch eine Pumpe wieder nach der Fabrik zurück befördert und auf der Pappenmaschine zu Pappe verarbeitet, wobei die schon auf Seite 152 erwähnten Erfahrungen gemacht wurden.

Durch Wegzug, das Eingreifen einer anderen Tätigkeit, sowie wegen anderer Verhältnisse konnte ich die Ausnutzung der ganzen Angelegenheit nicht so verfolgen, wie es wohl wünschenswert gewesen wäre. Erwähnt sei nur, daß mir auch aus dem Auslande eine Anerkennung dafür wurde, als der Skandinavische Holzstoff-Verein ein Preisausschreiben in verschiedenen Ländern erließ für die beste Art und Weise, die mit den Abwässern der Holzschleifereien fortgeführten Fasern zurückzuhalten und respektive wieder zu benutzen. Ich sandte mein Verfahren ein und hatte die Genugtuung, daß, als unter 22 Vorschlägen die vier besten prämiiert wurden, der meinige darunter war, und zwar als einziger aus Deutschland.

Da die Reinigung der Fabrikabwässer in allen Ländern von hoher Bedeutung geworden ist, so wird es allgemein interessant sein, wenn ich hier zum Schluß noch die Methode der anderen drei ausgezeichneten Herren anführe, soweit mir dies aus dem in Christiania erschienenen und auf Kosten des Skandinavischen Holzstoffvereins gedruckten, kurz gehaltenen Schriftchens möglich ist:

Meinem Verfahren am ähnlichsten ist das von Herrn Otto Schmidt in Andróz bei Graz angegebene, da es ebenfalls auf dem Prinzip beruht, die Klärung in großen Bassins durch Absetzenlassen des im Wasser enthaltenen Holzstoffes auszuführen.

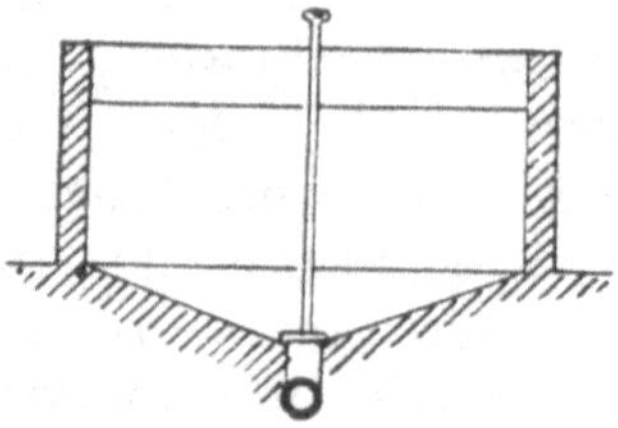

Fig. 95.

Die Figuren 96, 95 und 97 zeigen eine solche Kläranlage im Längsschnitt, Durchschnitt und Grundriß. Daraus ersieht man, daß drei oder mehr quadratisch angelegte gemauerte Gruben neben- oder hintereinander angenommen sind, deren Bodenflächen wie in Figg. 90 und 91 nach der Mitte zu geneigt sind, um den Stoff, welcher sich absetzt, durch ein darunter hingehendes Rohr oder einen Kanal zeitweise abzuführen. Dies geschieht im vorliegenden Falle durch je ein Ventil, das durch die Stangen c, d, e von oben geöffnet oder nach Bedarf geschlossen werden kann. Die hintereinander zur Anwendung kommenden Bassins fassen jedes nur zirka 60 cbm, so daß hiervon schon eine größere Anzahl notwendig ist, um dieselbe Wirkung zu erzielen, wie die von mir angegebenen großen Reservoirs. Zur Verlangsamung des Hindurchfließens und Beförderung eines leichteren Absetzens des Stoffes sind hier in dem ersten Bassin vier Zwischenwände, die nicht bis auf den Boden gehen, angeordnet, ganz ähnlich, wie ich es auch bei meinen Anlagen ausgeführt habe. Außerdem ist noch vor dem Eintritte des ungeklärten Abwassers in das erste Bassin bei b ein sogenannter Sandfang angelegt, in welchen das Wasser von unten eintreten muß, so daß größere Holzstücke, Späne usw. dadurch zurückgehalten werden und sich etwa mitgeführter Sand

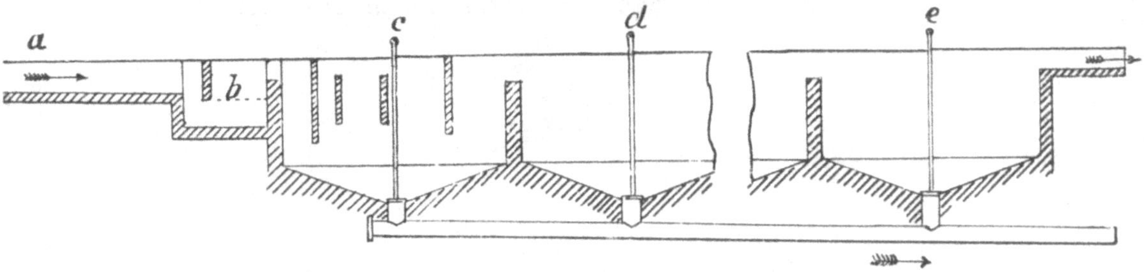

Fig. 96.

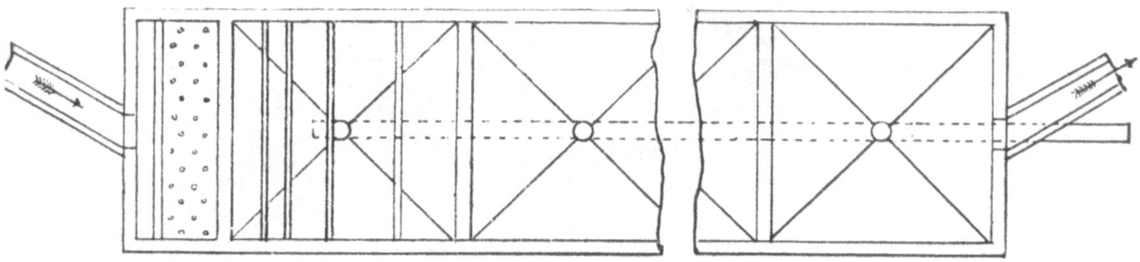

Fig. 97

dort zu Boden setzen kann. Die ganze Anlage hat den Vorteil für kontinuierlichen Betrieb eingerichtet zu sein, da die zeitweilige Entleerung des Bodensatzes der Bassins ganz nach Belieben während des Betriebes ausgeführt zu werden vermag. Ein Nachteil ist nur der, daß sehr viel Wasser bei diesen Entleerungen mit fortgeht, der wieder zu benutzende Stoff also sehr verdünnt zur Verwendung kommt. Ueber diese Verwendung sagt Herr Schmidt nichts weiter, als daß der Stoff durch eine Pumpe von $1\frac{1}{2}$ bis 2 Zoll Rohrweite abgepumpt, mit dem anderen guten Holzstoff vermischt und auf den gewöhnlichen Pappenmaschinen zu Pappe verarbeitet werden soll. Meinen Erfahrungen nach steht dieser Verwendung des Fangstoffes die große Unreinheit desselben entgegen, sowie die kurze Faserlänge, wegen welcher der größte Teil des aufgefangenen Stoffes sofort wieder durch die Poren des Siebes hindurch, respektive verloren gehen wird.

Die beiden anderen Herren haben in bezug auf die Verwendung denselben Vorschlag gemacht. Sie geben beide nur rotierende Stoffänger an, deren Form aus den nach-

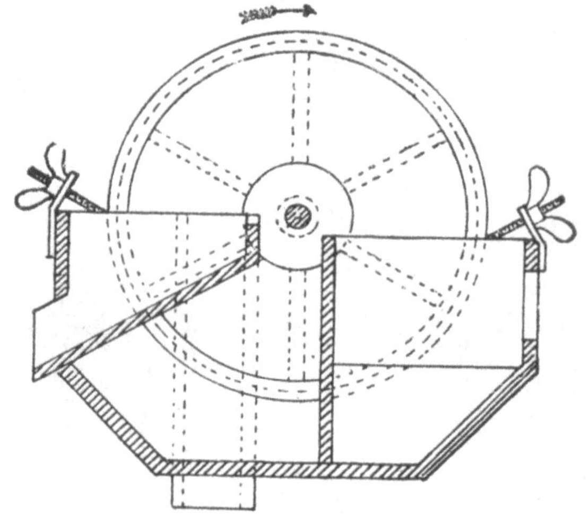

Fig. 98

stehenden Skizzen zu ersehen ist. Herr A. Gravdal aus Orje schlägt die Benutzung eines Sortierzylinders vor, dessen Umfang mit feinem Messinggewebe, Siebnummer 80, überzogen und dessen Stirnwände mit der noch feineren Nummer 90 beschlagen sind. Der Zylinder c dreht sich in der Richtung des Pfeiles und liegt in einem Kasten k, dessen Gestalt man aus Fig. 98 ersehen kann.

Es ist der sogenannte Lundbergsche Sortierapparat, der sich in der Holzschleiferei von Orje mit günstigem Resultat bewährt haben soll, der aber in der Holzstoff- und besonders seit langer Zeit schon in der Papierfabrikation in ganz ähnlicher Weise bekannt ist und allgemein angewendet wurde und von den in Deutschland weit verbreiteten Schurich'schen großen, flachen Stoffängern jedenfalls an Leistungsfähigkeit weit übertroffen wird. Ich selbst habe vor wenigstens 30 Jahren schon einen rotierenden Stoffänger von zirka 4 m Durchmesser konstruiert und mit Vorteil verwendet.

Noch einfacher ist der Vorschlag des ebenfalls prämiierten Herrn O. Andersen in Klevfos, welchen die Figuren 99 und 100 zeigen.

Der Apparat desselben besteht aus einer längeren, konischen Trommel, welche inwendig mit feinem Messingtuch beschlagen ist und die sich langsam, ungefähr 15 mal in der Minute herumdreht. Sie liegt in einem Holzkasten

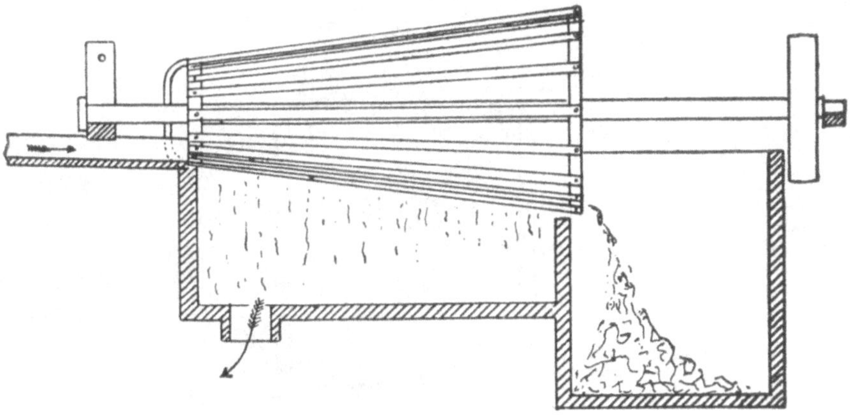

X Fig. 99.

und eine Rinne führt der Trommel vom hinteren, schmalen Ende derselben aus das zu reinigende Abwässer zu. Die hierin enthaltenen Fasern bleiben auf dem Siebe zurück, werden durch das Wasser, sowie die Drehbewegung nach vorn gespült und fallen da als dicker Brei in einen angebrachten Kasten, während das geklärte Wasser durch die Siebmaschen in den unter der Trommel befindlichen Kasten fließt und von da aus durch ein Rohr weiter geführt wird. Der so aufgefangene Stoff soll, wie erwähnt, wieder mit gutem Stoff vermischt und auf einer Pappenmaschine weiter verarbeitet werden; doch ist er, seiner Form nach, natürlich auch zu anderen Zwecken zu benutzen, worüber aber Herr Andersen nichts sagt.

Auf demselben Prinzip des Absetzenlassens des Stoffes, wie die von mir, sowie Herrn Schmidt angewandte Methode beruht nun der Patent-Stoffänger von H. Füllner in Warmbrunn i. Schl., welcher demselben durch das D. R.-P. Nr. 73130 gesetzlich geschützt wurde. Derselbe besteht in einem eisernen zylindrischen, 6 m weiten Kessel, der sich trichterförmig nach unten verengt, auf Füße gestellt ist, eine Höhe von $6^1/_2$ m besitzt und in dessen oberem Teile ein schmälerer konischer blecherner Ring hängt, nahezu so weit, wie der oben zylindrische Teil, über dessen Rand das abgesetzte klare Wasser durch eine Rinne abläuft. Da sich der Konus so weit verengt, daß er unten nur ein

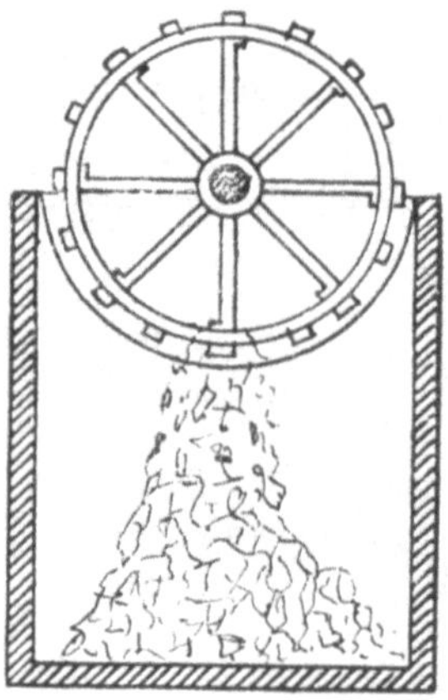

Fig. 87.

schwaches Rohr bildet, welches bis zur halben Höhe des Stoffängers außerhalb desselben wieder empor geführt ist, so muß sich aller in dem großen Behälter abgesetzte Stoff nach diesem Rohr hinziehen und kann durch eine Pumpe direkt zu einer Pappenmaschine fortgeführt werden, die gleich die Entwässerung besorgt. Nach verschiedenen veröffentlichten Zeugnissen arbeitet dieser Stoffänger so gut, daß durch den Wert der gewonnenen Abfallstoffe die Anlagekosten schon in einem bis zwei Jahren sich bezahlt machen.

Vor einigen Jahren konstruierte die Firma H. Füllner in Warmbrunn wieder ein Patentfilter, aber von ganz anderer Art, in welchem die abgehenden Wässer stetig und ständig durch große und breite Sortiertrommeln von sämtlichen feinen Fasern befreit werden, welche durch Filze abgegautscht werden und als feuchte „Fetzen" von diesen herab in Sammelkästen fallen, aus denen sie wieder weiter verwandt werden. Diese Filter leisten viel, arbeiten schnell und brauchen viel weniger Platz als alle anderen; sie haben sich in der gesamten Papierfabrikation sehr rasch eingeführt und werden immer mehr angewandt. Viel feine Fasern gehen z. B. auch mit in Strohstoffanlagen verloren; in einer solchen reinigt z. B. ein Apparat von Füllner die gesamten Waschwässer bei einer täglichen Verarbeitung von 17 000 bis 20 000 Kilo Stroh und hält aus diesen die feinsten Fasern zurück; er wird also auch in Holzschleifereien sehr gute Dienste tun.

Es sind seitdem noch immer mehr Einrichtungen konstruiert und auch patentiert worden, welche aus den Abwässern der Holzstoff- sowie der Papiermaschinen die Fasern wieder weit schneller abscheiden und wieder nutzbar machen sollen; sie alle aufzuführen, würde zu viel Raum beanspruchen; man findet zudem auch nicht selten ganz alte, in anderen Industriezweigen schon längst angewandte Vorrichtungen darunter; so sind z. B. die unter Nr. 187 198 patentierten Klärbecken vom Geh. Reg.-Rat Prof. Dr. Hartig in Dresden in seinen Vorlesungen über mechanische Technologie schon im Jahre 1865 und früher noch genau so als „Spitzkästen" zum Abscheiden feiner Erzschlamme beschrieben und skizziert worden; in den Laboratorien verwandte man sie noch früher schon zum Abschlämmen von Ton-, Kies-, Erdproben usw.

Durch die vorstehend erwähnten verschiedenen Arten, das Abwasser von Holzschleifereien zu reinigen, ist nun den behördlichen Vorschriften in den meisten Fällen Genüge getan, zugleich aber eine verhältnismäßig große Menge eines Stoffes gewonnen worden, der, wenn auch minderwertig, so doch immerhin einen gewissen Wert repräsentiert, der die Anlagekosten der Klärung nicht unbedeutend herabmindert. Es werden in der Neuzeit so viele Gebrauchsgegenstände aus Holzstoff gefertigt, wie z. B. Backschüsseln, Kisten aller Art, Stukkaturen usw., daß der billige, wiedergewonnene Fangstoff besonders mit Vorteil bei allen den Gegenständen zu benutzen ist, welche irgend eine Imprägnierung oder einen Farbenanstrich erhalten sollen. Auch bei meinen Holzziegeln hatte ich eine Imprägnierung gegen Verbrennlichkeit vorgesehen, wodurch die Verwendbarkeit aller aus Holzabfällen hergestellter Gegenstände, nicht nur der Ziegel, selbstverständlich bedeutend wachsen muß.

Die Kalkulation des fertigen Holzstoffes ist verhältnismäßig einfach, da bei diesem Fabrikat eine Mischung nicht stattfindet, sondern stets oder wenigstens meistens nur ein und dieselbe Sorte von Stoff hergestellt wird. Die Fabrikationskosten setzen sich trotzdem aus einer größeren Anzahl von Ausgaben zusammen, und kann man hierbei wie bei anderen Kalkulationen diejenigen für den Holzstoff, das Holz, getrennt von denjenigen für die Regie halten. Notwendig ist dies jedoch nicht. Da das Holz nach Raum- oder Festmetern gekauft wird, so muß man hauptsächlich wissen, wieviel ein solches Einheitsmaß von Holz verkäuflichen Holzstoff ergibt, und dies läßt sich am besten und genauesten aus einer Jahreszusammenstellung finden, da dann der erhaltene Durchschnitt der Wahrheit am nächsten kommt. Je größer man den Zeitraum annimmt, desto größer wird naturgemäß die Genauigkeit des Endergebnisses.

Eine solche Zusammenstellung aus der Praxis ist z. B. nebenstehende.

Es sind hier gleich zwei Jahre hintereinander aufgenommen worden, um zu zeigen, wie verschiedenartig auch die einzelnen Jahrgänge unter sich sein können. Der auffallende Unterschied, daß im zweiten Jahre bedeutend weniger Holz im allgemeinen verschliffen worden ist als im ersten, gründet sich darauf, daß dieses Jahr ein außergewöhnlich wasserarmes, also kraftarmes, gewesen war. Außerdem ist aber noch zu bemerken, daß das Ergebnis pro 1 rm sowohl in Fichte, als auch in brauner Kiefer in diesem Jahre wesentlich geringer ausgefallen ist, als in dem vorhergegangenen. Das liegt aber daran, weil der Trockengehalt des geschliffenen Holzstoffes durch

Monat	Verschliffen						Verschliffen					
	Fichte, weiß			Kiefer, braun			Fichte, weiß			Kiefer, braun		
	Rm.	Kilo Stoff p. 1 Rm.	Geldwert Mk.	Rm.	Kilo Stoff p. 1 Rm.	Geldwert Mk.	Rm.	Kilo Stoff p. 1 Rm.	Geldwert Mk.	Rm.	Kilo Stoff p. 1 Rm.	Geldwert Mk.
Juli	450	850	3 150	166	750	660	272	758	1 808	169	751,5	802
August . . .	341	725	2 387	86	770	301	213	695	1 416	104	551	495
September . .	375	860	2 580	87	665	350	150	985	997	35	625,5	166
Oktober . . .	350	800	2 157	114	715	399	267	668	1 775	97	615	462
November . .	449	824,5	3 000	126	810	500	166	708	1 104	140	686	665
Dezember . .	518	835	4 350	232	769	835	244	806	1 622	197	740	935
Januar . . .	449	887,5	3 595	257	600	899	176	635	1 167	177	555	840
Februar . . .	472	770	3 410	252	700	992	469	740,5	3 085	261	652	1 239
März	420	952	3 150	249	636	1 182	455	872,5	3 238	261	652	1 933
April	406	915	2 900	290	634	1 350	427	841,5	3 245	364	627	1 729
Mai	444	818,5	2 952	250	694	1 163	517	748,5	4 028	181	633	859
Juni	353	885	2 348	178	640	560	275	804,5	1 884	11	641	52
	5027	843,5	35 979	2287	698,6	9 191	3631	771,8	2 5369	1997	644,1	10 177

geeignete Vorrichtungen immer mehr erhöht wurde. Die Ergebnisse dürfen also hier nicht direkt miteinander verglichen und ebensowenig ein Durchschnitt von beiden Jahren als richtig angenommen werden; man müßte denn zuvor die Zahlen entsprechend reduzieren. Jedenfalls genügt es, wenn man nach dem ersten Jahre annimmt, daß

1 rm Fichtenholz = 843,5 Kilo Holzschliff von 32 pCt. Trockengehalt ergibt,

oder

1 rm Fichtenholz = 269,9 Kilo trockenem Holzstoff entspricht.

Nach derselben Tabelle ergibt sich für geschliffenen braunen Holzstoff, daß

1 rm Kiefernholz = 698,6 Kilo Holzschliff von 32 pCt. Trockengehalt,

oder

1 rm Kiefernholz = 223,5 Kilo trockenem Holzstoff entspricht.

Die Regiekosten lassen sich nach folgender Aufstellung (S. 167) berechnen.

Die Gesamtregiekosten betragen hiernach bei diesem Beispiele nach Addierung der einzelnen Posten 112 590 Mark, wobei für das Schleifen des weißen Fichtenholzes die Ausgabe für Kohlen, 2788 Mark, abzuziehen ist, da die Kohle nur zur Erzeugung des Dampfes benutzt wurde, welcher zum Dämpfen des Kiefernholzes für braunen Holzstoff, sowie zu anderen Zwecken Verwendung fand. Die verhältnismäßig kleine Summe hat allerdings nur geringen Einfluß auf die Durchschnittsregie.

Aus der ersten Tabelle ergibt sich nun für das vorliegende Beispiel, daß in dem betreffenden Jahre 5027 rm Fichtenholz im Werte von 35979 Mark, sowie 2287 rm Kiefernholz, die 9191 Mark kosteten, verschliffen wurden, und hieraus läßt sich die kurze Selbstkostenrechnung machen, wenn der Holzpreis im Walde, ohne Fuhrlohn, wie hier 7 Mark für Fichte pro rm und 4,25 Mark für Kiefer beträgt.

Im ganzen sind 7314 rm Holz verschliffen und ohne Kohle 109 802 Mark Regiekosten dafür ausgegeben worden, so daß sich die Regiekosten pro 1 rm Fichtenholz zu

Monat	Fuhrlohn	Frachten	Löhne	Versicherung	Pferde und Wagen	Utensilien	Kohlen	Materialien	Gehalte	Pacht	Geschäfts-Unkosten	Zinsen, Skonti, Reparaturen
Juli . . .	678	1 152	1 579	100	450	—	150	975	465	500	175	2 080
August . .	589	1 362	1 997	100	305	—	250	791	465	500	29	2 080
September .	710	1 650	2 558	100	343	39	120	868	465	500	142	2 080
Oktober . .	576	973	2 744	80	345	10	156	536	465	500	56	2 284
November .	756	1 474	2 241	80	435	10	144	1 640	465	500	86	2 100
Dezember .	903	1 809	2 345	80	362	10	270	1 000	865	500	486	2 132
Januar . .	693	1 636	2 580	80	124	10	276	1 193	465	500	89	2 105
Februar . .	603	1 445	2 338	80	526	10	300	715	465	500	89	2 100
März . . .	495	1 407	2 892	80	387	10	324	597	465	500	346	2 156
April . . .	586	1 081	2 387	80	391	10	288	1 608	575	500	775	2 025
Mai . . .	995	1 058	2 143	80	497	10	327	1 000	575	500	107	2 078
Juni . . .	803	703	2 119	80	323	10	183	782	575	500	228	2 062
	8387	15 750	27 923	1020	4488	129	2788	11 605	6310	6000	2908	25 282

15,00 Mark, dagegen aber die Regiekosten pro 1 rm Kiefernholz zu 16,22 Mark berechnen, da auf die 2287 rm noch für 2788 Mark an Kohlen verbraucht worden sind.

Da nun aber der fertige Holzstoff nach dem Gewicht und zwar nach dem Trockengewicht verkauft wird, so kommt an dieser Stelle noch die Produktion in Frage. Diese betrug in dem angezogenen Jahre

Fichtenstoff	= 4 240 250 Kilo naß	= 1 356 880	Kilo trocken
Braunkiefernstoff	= 1 527 600 „ „	= 488 832	„ „
	Summa:	1 845 712	Kilo trocken

Hiernach berechnet sich die

Regie pro 100 Kilo trockenen Fichtenstoff zu 5,95 Mark
„ „ „ „ „ Kiefernstoff zu 6.52 Mark

Aus dem Vorhergegangenen ist aber ersichtlich, daß 1 rm Fichtenholz 270 Kilo trockenen Stoff ergibt, dieser also 7 Mark kostet; dann ist der Preis für 100 Kilo trockenen Holzstoff = 2,59 Mark ohne Regie.

Die Selbstkosten für die Erzeugung von 100 Kilo trockenen Fichtenstoff stellen sich demnach für die als Beispiel angenommenen Verhältnisse auf

5,95 + 2,59 Mark = **8 Mark 54 Pfg.**

In gleicher Weise ist für braunen Kiefernstoff anzunehmen:

1 rm Kiefernholz = 223,5 Kilo trockener Stoff = 4,25 M.

100 Kilo trockener Stoff =	1,90 Mark
+ Regie	6,52 „
Selbstkosten:	**8,42 Mark**

Trotz des bedeutend billigeren Preises der Kiefer gegen die Fichte stellen sich hiernach die Selbstkosten des braunen Kiefernstoffes nur wenig niedriger als die des weißen Fichtenstoffes. Brauner Fichtenstoff ist unbedingt höher als weißer zu berechnen; doch sind die Gewichtsverluste durch das Schälen nicht so groß wie bei Kiefer, da die Rinde bedeutend dünner ist; die Verluste der durch das Dämpfen zum Teil aufgelösten Inkrusten, die durch die Lauge abgehen, sind aber ebenfalls vorhanden.

Für solche Fabriken, welche in der Regel weißen und braunen Holzschliff gleichzeitig herstellen, ist es noch von Interesse, eine sogenannte Vergleichungs-Kalkulation zu machen, um zu sehen, welche Arbeit für das Etablissement am vorteilhaftesten ist. Die vorher gefundenen Selbstkosten von 8 Mark 54 Pfg. für weißen Fichtenstoff und 8 Mark 42 Pfg. für braunen Kiefernstoff zu Grunde gelegt und früher angegebene Zahlen benutzend, kann man folgende Aufstellung machen: Wenn auf allen Schleifern nur allein weißer Fichtenstoff geschliffen wird, so sind pro 1 Zellenstunde höchstens 33 Kilo Stoff zu erzielen, bei voller Kraft (576 Zellenstunden) also 19000 Kilo naß, zu 32 pCt. Trockengehalt = 6080 Kilo trocken. Das gibt einen Selbstkostenwert von 519,23 Mark pro Tag.

Wird dagegen auf allen Schleifern nur brauner Kiefernstoff geschliffen, so beträgt die Höchstproduktion = 58,3 Kilo pro 1 Zellenstunde oder 33580 Kilo pro 576 Zellenstunden. Das sind aber 10746 Kilo trocken bei einem Selbstkostenwert von 904,81 Mark pro Tag. Wird nun angenommen, der augenblickliche Verkaufspreis sei für Weiß 10 Mark pro 100 Kilo trocken und für Braun 9 Mark für 100 Kilo, so würde sich folgendes herausstellen:

Weißer Fichtenstoff, Verkaufswert	608,— Mk.	
Selbstkosten	519,23 „	
	88,76 Mk. Gewinn pro Tag	
Brauner Kiefernholzstoff, Verkaufsw.	967,14 Mk.	
Selbstkosten	904,81 „	
	62,33 Mk. Gewinn pro Tag.	

In diesem Falle würde sich, wie hieraus ersichtlich, die alleinige Fabrikation von Braunholzstoff nicht so günstig herausstellen. Es ist nur zu berücksichtigen, daß in diesem Beispiele die Verkaufspreise ganz willkürlich angenommen waren, und andererseits, daß man in der Praxis sich nicht immer nur das Vorteilhafteste heraussuchen kann, sondern mit dem Faktor Angebot und Nachfrage gerechnet werden muß.

In seiner Technologie III. A. hat E. Kirchner bei dem Abschnitt „Kalkulationen" außer der Besprechung neuerer Anlagen auch Dr. Rudel's Angaben über ältere Holzschleiferei-Anlagen erwähnt. Die dort gegebenen Zahlen weichen naturgemäß von den durch neuere Einrichtungen erhaltenen mehr oder weniger ab; immerhin aber sind sie interessant und mögen im Anschluß an meine soeben in obigem veröffentlichten Resultate teilweise zur Vergleichung hier angeführt werden: Es heißt dort z. B., daß zu 100 Kilo Stoff 0,378 Festmeter Holz gebraucht würden. Dies gäbe auf 1 Festmeter Holz = 264 Kilo trocken gedachten Holzstoff. In einer späteren Annahme legt Rudel dagegen 296 Kilo Stoff aus 1 Festmeter Holz zugrunde. Ich dagegen habe aus großen Durchschnittszahlen, wie oben angegeben, gefunden, daß 1 rm Fichte = 270 Kilo Stoff oder 1 fm Holz = 415 Kilo trocken gedachten Holzstoff ergibt. (Für braunen Kieferstoff 340 Kilo per 1 fm.) Das ist ein bedeutender Unterschied von 40 pCt. mehr zugunsten der neueren Anlagen.

Andererseits aber hat Rudel meiner Ansicht nach den Kraftverbrauch wohl kleiner, als er in Wirklichkeit gewesen ist, angenommen, wenn er sagt, daß 100 Kilo Stoff nur 6 Pferdestärken in 24 Stunden erforderten. Aus einer herausgesuchten besonders günstigen Produktion während 4 Tagen, wo sogar noch etwas brauner Holzstoff dabei geschliffen wurde, war in den von mir erwähnten Beispielen die Tagesproduktion in 24 Stunden allerdings 9500 Kilo bei einer Gesamtkraft von 600 Pferdestärken, und dies ergibt für 100 Kilo trockenen Stoff = 6,3 Pferdekräfte. Es würde dies also mit Rudel's Angaben stimmen, und ebenso mit denen, welche Kirchner mit 6,52 Pferden als den in Deutschland durchschnittlich beim Kaltschleifen üblichen Kraftverbrauch bezeichnet. Wenn aber die auf Seite 111 angegebene Höchstproduktion bei Alleinschliff von weißem Fichtenholz, nämlich 6080 Kilo und 600 Pferden Kraftverbrauch angenommen wird, so stellt sich der Kraftverbrauch für 100 Kilo trockenen Stoff auf 8—9 Pferde. Das ist bedeutend mehr und für viele Fälle auch richtig; um so größer aber würde der Unterschied auch sein, wenn in Deutschland der Heißschliff immer mehr Eingang fände und sich die amerikanische Angabe ebenso hier bestätigte, daß bei Heißschliff der Kraftverbrauch per 100 Kilo trockenen Stoff nur 5,41 Pferdestärken betrüge. Bei den neuesten Großkraftschleifern, welche direkt auf der Turbinenwelle sitzen, rechnet man im Durchschnitt nur 6 Pferdestärken auf 100 Kilo trockenen Stoff in 24 Stunden.

Was E. Kirchner Seite 151 über den Braunschliff

sagt, daß er dieselbe Kraft wie Weißschliff beanspruche, stimmt mit meinen Beobachtungen nicht, oder wenigstens dann nicht allgemein, wenn er auch braunen Kiefernstoff darunter versteht. Dieser braucht entschieden weniger Kraft. Soll dagegen brauner Fichtenstoff darunter verstanden werden, so kann die Angabe wohl ihre Richtigkeit haben.

Die Zahlen in den verschiedenen Holzstoffkalkulationen werden naturgemäß in anderen Etablissements und anderen Gegenden ganz verschieden ausfallen, je nachdem die Schleifereien bezüglich des Holzeinkaufes günstiger oder ungünstiger liegen, ihre Kraftverhältnisse größer oder geringer, gleichmäßig oder ungleichmäßig und die maschinellen Einrichtungen neuer oder älter sind. Diese verschiedenen Faktoren und besonders der Umstand, daß die allermeisten Schleifereien von der stets so veränderlichen Wasserkraft abhängig sind, haben dazu geführt, daß man in der Neuzeit sogar bereits von dem bisherigen Grundsatze abgegangen ist, Holzschleifereien nur für Wasserbetrieb einzurichten und allerhöchstens Dampfmaschinen für den Notfall zu benutzen; denn es existieren bereits große Unternehmen, welche kolossale Dampfmaschinen zum ununterbrochenen Betrieb ihrer Holzstoff-Fabriken angelegt haben und damit auch vorteilhaft arbeiten; aber natürlich muß der Holzstoff teurer in der Herstellung werden.

Bereits vor vierzehn Jahren wagte es wohl nahezu als erster Herr Kommerzienrat Leonhard, in Firma C. F. Leonhard in Crossen bei Zwickau, von einer ihm zu Gebote stehenden ziemlich bedeutenden Wasserkraft ganz abzusehen, wenigstens für Schleifzwecke, und seinen Holzstoff allein mit Hilfe von Dampfkraft herzustellen. Eine vorhergegangene außergewöhnlich trockene und wasserarme Periode, in der der Holzstoff nicht nur sehr teuer, sondern teilweise überhaupt nicht in genügendem Maße zu beschaffen war und aus dem Auslande in oft zweifelhafter Qualität geholt werden mußte, gab den Anstoß hierzu. Besonders für Papierfabrikanten, welche große Lieferungen kontraktlich herzustellen hatten, wozu Herr Leonhard gehörte, war der Mangel an Holzstoff ganz empfindlich und das lebhafte Bestreben erklärlich, sich von der Unregelmäßigkeit der Wasserkräfte im allgemeinen unabhängig zu machen, um so mehr, als jeder Holzstoffabrikant weiß, welche Nachteile bezüglich der Qualität des Fabrikates damit verknüpft sind. Noch unangenehmer ist für den viel Holzstoff verarbeitenden Papierfabrikanten der Umstand, daß er in solchen Zeiten des Mangels mit einer großen Anzahl von Stofflieferanten zu arbeiten hat und infolgedessen natürlich niemals gleichmäßigen Holzstoff benutzen kann. Solche Erwägungen führten nun zur Gründung der oben erwähnten Anlage einer Dampfschleiferei, welche allerdings den großen Vorteil hat, daß sie mitten in einem bedeutenden Kohlenrevier liegt und die Dampfkraft demnach möglichst billig beschafft werden kann. Die Fabrik arbeitet mit 11 Schleifern, hat eine tägliche Produktion von zirka 50 000 Kilo Holzstoff naß und wird durch eine prachtvolle Sulzermaschine von 1500 Pferdestärken betrieben, und zwar mit Dampf von 11 Atmosphären Ueberdruck. Dieselbe ist eine Verbundmaschine mit drei Zylindern, deren größter einen Durchmesser von 1600 mm besitzt. Die Uebertragung erfolgt durch 32, nebeneinander liegenden, Hanfseile direkt auf die Haupttransmission.

Dicht neben der erwähnten Fabrik liegt eine zweite Holzschleiferei, verbunden mit einer Papierfabrik, die den Herren Leonhard Söhne gehört und in welcher ebenfalls der Betrieb durch eine 1500pferdige Dampfmaschine ausgeübt wird, so daß also an einem einzigen Orte die Holzstoffabrikation durch nahezu 3000 Pferdekräfte ununterbrochenen Dampfbetriebes vertreten ist.

Von demselben Gedanken ausgehend, hat auch schon bereits vor Jahren Herr Geheimer Kommerzienrat Niethammer in seiner ursprünglich durch Wasserkraft betriebenen Schleiferei Kriebethal eine sehr schöne, stehende Dampfmaschine von 1000 Pferdekräften angelegt, die nicht nur den Zweck hat, als Reservekraft zu dienen, sondern ununterbrochen in Verbindung mit der Turbinenanlage und der erweiterten Schleiferei die Kraft zu liefern für die Herstellung eines Teiles der großen Holzstoffmenge, die seine Papiermaschinen fortgesetzt bedürfen. Später ist diese Anlage noch bedeutend vergrößert worden, und noch mehrere andere Fabriken haben ebenfalls Dampfholzschleifereien bis zu 3000 Pferdestärken und mehr gebaut.

Wenn man nun noch erwägt, daß z. B. auch die Nossener

Papierfabrik schon seit längerer Zeit Dampfkraft zum Holzschleifen anwendet und bei noch anderen sächsischen Fabriken derartige Anlagen schon in der Ausführung begriffen sind, so muß anerkannt werden, daß das verhältnismäßig kleine und doch so industriereiche Sachsen die Initiative ergriffen hat, die Holzstoffabrikation als solche durch Einführung des Dampfbetriebes gleichmäßiger und stetiger zu machen. Wenn es irgendwie die lokalen Verhältnisse gestatten, werden voraussichtlich noch manche andere Unternehmer nachfolgen, in der Wahl des Niederlassungsortes nicht nur diejenigen mit vorhandenen Wasserkräften zu begünstigen, welche oft große andere Nachteile besitzen, sondern Holzreichtum, Eisenbahnverbindungen, billige Kohlen, reines Fabrikationswasser usw. in erster Reihe zu berücksichtigen und als Betriebskraft nur Dampf zu verwenden. Leider hat mancher Fabrikant in den letzten Jahren erfahren, daß die Wasserkraft ganz unberechenbar ist, da sie zuweilen auf ein Minimum zusammenschmilzt und andererseits alles vernichtend auftritt. Als Hauptgrundsatz bei der Entscheidung, Holzstoff durch Dampfkraft zu schleifen, muß außer der Möglichkeit billig zu beschaffender Kohle noch der Umstand maßgebend sein, daß das Anlagekapital reichlich vorhanden ist. Kleine Anlagen für Dampfbetrieb zu machen empfiehlt sich nicht, da bekanntlich die Regiekosten bei allen großen Unternehmungen sich mehr auf die Produktion verteilen und auf die Produktionseinheit niedriger werden als bei kleineren Fabriken. Große Dampfmaschinen von 1000 und mehr Pferdekräften lassen sich besonders bei Anwendung von hohen Dampfspannungen viel rationeller bauen, arbeiten mit wesentlich geringerem Dampfverbrauch, also sparsamer als kleinere und besonders als solche ohne Kondensation. Noch auffälliger wird der Nutzen von Dampfschleifereien, wenn, wie bei den bereits vorhin erwähnten Fällen, eine Papierfabrik direkt mit der Schleiferei verbunden, oder in der nächsten Nähe ist; denn dann fällt die gerade bei der Versendung von nassem Holzstoff so bedeutende Fracht hinweg, ebenso die mancherlei dadurch bedingten Verluste, die Abzüge bei angeblichen Feuchtigkeitsgehalts-Differenzen usw., so daß unter günstigen Umständen die Anwendung von Dampfkraft nicht sehr viel teurer als die von Wasserkraft sein kann, abgesehen von den großen technischen und geschäftlichen Vorzügen, welche eine stets gleich große und überhaupt ganz gleichmäßige Fabrikation unzweifelhaft im Gefolge hat.

Wohl in den meisten Holzschleifereien benutzt man die Abfälle des Holzes, welche sich beim Schleifen ergeben, gar nicht, sondern wirft sie unbeachtet beiseite oder unter die Schälspäne, um sie mit diesen zu verbrennen; dafür sind sie nun aber entschieden viel zu schade. Warum füllt man sie nicht mit den Rundhölzern zusammen wieder in die Pressen hinein, um sie ebenfalls in Stoff zu verwandeln? Es ist doch reines, schönes Holz, welches nur durch besondere Umstände mit dem Stoff zusammen vom Schleifer mit fortgerissen worden ist; namentlich tritt das ein, wenn der Stein stellenweise sich ungleichmäßig abgenutzt hat und dadurch unrund geworden ist. Schleifholz wird immer teurer und seltener; also um so sparsamer muß man auch damit umgehen. Ja, an diesen Abfällen hängen oft noch viel schon fertig abgeschliffene gute und wertvolle Fasern, weil man sie nicht gehörig abgespült und mit durch den Versortierer gehen gelassen hat.

Ueber diese Verschwendung schreibt auch noch neuerdings ein Herr Schneider in Nr. 6 der Papierzeitung von 1909 und berichtet da, daß, wenn manche Holzarten recht viel Späne geben, man diese auch auf besonderen Maschinen, „Schlagmühlen", weiter verarbeitet, wozu man die Späne vorher auf Hürden gut trocknen muß; andererseits muß man dann in die Maschine einen nicht zu feinen Rost und außerdem ein Spritzrohr anbringen, damit die zerkleinerten Abfälle in eine Rinne abfließen und sich in der eigentlichen Stoffrinne mit dem andern Stoff, der von den Schleifern kommt, innig vermischen und nach den Sortierapparaten gelangen.

Solche Apparate, auch „Schlagkreuzmühlen" genannt, benutzt man ja auch zum Mahlen der Sägespähne, um sie in Holzmehl von verschiedener Feinheit zu verwandeln; Nr. 1 zeigt meist noch deutliche, feine Fasern, so daß man diese Masse dann recht gut mit anderem Holzstoff zusammen zu Pappen, Stuck usw. verarbeiten kann. Diese Mühlen arbeiten trocken, ohne Wasserzufluß. Zuerst nahm man dazu ja die gewöhnlichen Mahlgänge von Sandstein mit Ober- und Unterläufer, wie man sie beim Getreidemahlen verwendet; doch für das Mahlen von Holzabfällen sind sie so außerordentlich feuergefährlich, daß keine Versicherungsgesellschaft mehr solche Holzmehlfabriken aufnimmt. Die neuen Apparate dagegen sind aus Eisen konstruiert und werden ständig durch einen Luftstrom gekühlt, der gleichzeitig das Mahlgut fortführt und sortiert; indem nur das Feine mitgerissen wird, während das Gröbere stets wieder von selbst zur Maschine zurückfällt; durch die verschiedene Stärke des Luftstromes hat man es ganz in der Hand, das Mahlgut feiner oder gröber zu halten; je schwächer derselbe ist, um so sicherer wird nur das Feinste von ihm mit fortgeführt; natürlich ist auch dann die Gesamtleistung des Apparates geringer. Das vom Luftstrom weggeführte Mahlgut kommt dann noch in einen besondern Zentrifugalsortierapparat oder ein Rüttelsieb, in welchem es in verschiedene Feinheits-Nummern geschieden wird.

Solche Apparate bauen verschiedene Fabriken, so unter andern auch Friedr. Krupp, Act.-Ges. Grusonwerk in Buckau-Magdeburg, Amme, Giesecke & Konegen, Act.-Ges. in Braunschweig, Maschinenfabrik „Elbthal“ in Dresden-Cotta usw. Letztere baut ihre „Elbthal“-Universalmühle, welche sie in eigner Holzmehlfabrik ausprobiert und im Betriebe hat, in 6 Größen:

No.	0.	1.	2.	3.	4.	5.
Touren p. Min.	3000—3600	3300	2900	2400	1800	1300
Kraftbed. i. PS.	1—2	2—4	4—6	6—9	9—14	14—18
Ungef. Leistung p. Stunde in kg	35—80	75—250	200—750	500—1350	1000—3500	1400—5000

Die Schriftleitung der Papierzeitung empfiehlt in jener Nr. 6 zur weiteren Verarbeitung der Schleifspähne auch den Dr. Wurster'schen Zerfaserer mit eigens für diesen Zweck erprobter kräftiger Ausrüstung.

Ein Punkt, über den noch wenig Klarheit herrscht und verschiedne, z. T. sehr irrige Ansichten existieren, ist der

Wert einer Wasserkraft.

Derselbe wird nur selten richtig, dagegen meist viel zu niedrig eingeschätzt. Soviel aus den Fachblättern festzustellen war, ist dieser Frage zum ersten Male in in Nr. 47 der Papierzeitung von 1896 näher getreten und diese für ein gegebenes Beispiel genau durchgearbeitet und berechnet worden.

Bekanntlich legt man zum Vergleich der verschiedenen Kräfte die „Pferdestärke" = „PS." zugrunde, welche zu 75 Meterkilogramm angenommen wird; d. h., es ist dies die Kraftleistung, ein Gewicht von 75 Kilogramm 1 m hoch in der Sekunde zu heben. Danach berechnet sich die Stärke einer Wasserkraft, indem man die Anzahl der Liter (gleich Kilo) Wasser, welche in der Sekunde zur Verfügung stehen, mit der Höhe des Gefälles in Metern multipliziert, und diese Zahl durch 75 Kilogrammeter (= 1 PS.) dividiert. Das ist die Bruttokraft; da nun aber die Wasserkraftmaschinen bis vor wenigen Jahren höchstens einen Nutzeffekt von 75 pCt. ergaben, muß man die Zahl der Brutto PS. mit $\frac{75}{100}$ noch multiplizieren und hat dann die effektive Nutzkraft.

Z. B. eine Wasserkraft habe in der Sekunde 2,4 cbm Wasser, bei einem Gefälle von 5,6 m, so hat man also

$$\frac{2400 \times 5.6}{75} \times \frac{75}{100} = 24 \times 5.6 = 134.4 \text{ eff. PS.}$$

Da hier die 75 oben und unten vorkommt, genügt es, wenn man einfacher rechnet: Wasser in cbm $\times$ Gefälle in m $\times$ 10; also: 2,4 cbm $\times$ 5,6 m $\times$ 10 = 134,4 eff. PS.

In den letzten Jahren hat man nun aber mit neuen Turbinen-Konstruktionen weit größere Nutzeffekte erzielt, von 80 bis 88 pCt., namentlich mit der Pelton- und noch mehr mit der Francis-Turbine; da fällt natürlich die einfachere Berechnungsweise wieder weg, und es heißt dann in obigem Beispiel:

$$\frac{2400 \times 5.6}{75} \times \frac{85}{100} = 152.3 \text{ eff. PS.}$$

Man sieht hierbei gleich, daß es sich wohl verlohnt, alte

ungünstig arbeitende Wasserkraftmaschinen — Räder und Turbinen — zu entfernen und durch neue zu ersetzen; wenn bei vorstehendem Beispiele die durchschnittliche Kraft auf diese Weise um 17,9 eff. PS. steigt, und man rechne selbst 7,5 eff. PS. auf 100 Kilo lufttrocken gedachten Holzstoffs, so kann man damit in 24 Stunden 240 Kilo mehr Holzstoff erzeugen, in 330 Arbeitstagen also 79 200 Kilo; das sind 24 Doppelladungen feuchten Stoffs mehr im Jahre!

Um nun den Wert einer Wasserkraft annähernd festzustellen, vergleicht man sie mit einer Dampfmaschinenanlage von durchschnittlich derselben Stärke; natürlich muß man auch die fix und fertig ausgebaute Kraft beim Wasser rechnen. Man rechnet dann auf beiden Seiten die Betriebsausgaben, also für Dampf: Kohlen, Löhne, Reparaturen usw., Zinsen, Abschreibungen, Feuerversicherung und andere Generalunkosten für Dampfkessel, Dampfmaschine, Gebäude samt Schornstein und Grund und Boden; für Wasser hat man nur Bedienung, Reparaturen usw. zu rechnen und von jener Gesamtsumme für Dampf in Abzug zu bringen; der übrigbleibende Betrag würde nun den Zinsen der Wasserkraft, event. mit den Abschreibungen dafür, entsprechen und wird daher kapitalisiert, und so bekommt man den Wert der Wasserkraft samt dem dazu nötigen Grund und Boden, sowie dem vollständigen Ausbau samt Turbinen.

Nehmen wir ein einfaches Beispiel mit runden Zahlen, zwei Kräfte von je 200 eff. PS.

Dampfkessel mit Wasserbeschaffung (Brunnen, Kläranlage etc.)	20 000 M.
Dampfmaschine mit Pumpen u. s. w.	20 000 „
Gebäude mit Schornstein	13 000 „
Grund und Boden	2 000 „
in Summa	55 000 M.

Man hat dann an täglichen Ausgaben, wenn man pro PS. und Stunde 1 kg Kohlen verbraucht, von denen 100 kg 1,75 M. kosten sollen:

2 Heizer à 3,50 M.	7,— M.	
2 Maschinisten à 3,50 M.	7,— „	
2 Kohlenkarrer à 2,— M.	4,— „	18,— M.
200 PS. × 24 Std. × 1.0 kg = 4800 kg Kohlen à 1,75 Pf.		84,— „
Schmiermaterial, Reparaturen etc.		10,— „
		112,— „

bei 330 Arbeitstagen sind dies	36 960,— M.
dazu kommen:	
10% Abschreibungen auf Maschinen etc. von 40 000 M. . .	4 000,— „
5% Abschreibungen auf Gebäude von 13 000 M.	650,— „
5% Zinsen auf das ganze Kapital von 55 000 M.	2 750,— „
Versicherungen und andere Generalunkosten	340,— „
	44 700,— M.

Bei der fix und fertig ausgebauten Wasserkraft hat man dagegen nur:

an täglichen Ausgaben: 2 Turbinenwärter à 3,— M.	6,— M.
Schmiermaterial und Reparaturen	4,— „
	10,— M.
das sind bei 330 Arbeitstagen	3 300,— M.
dazu kommen: Versicherungen und andere Generalunkosten	50,— „
in Summa	3 350,— M.

44 700 — 3350 M. = 41 350 M. muß man für die Dampfkraft von 200 eff. PS. mehr ausgeben. In der Regel rechnet man für Wasserkräfte nur sehr wenig oder keine Abschreibungen, weil deren Wert eher steigt, mit besserer Ausnutzung und vor allem mit steigenden Kohlenpreisen; gleichwohl sollen $1^2/_3$ pCt. von der Wasserkraft hier abgeschrieben und 5 pCt. Zinsen gerechnet werden, zusammen also $6^2/_3$ pCt.; diese kapitalisiert geben den 15 fachen Wert: demnach hat die ausgebaute Wasserkraft von 200 eff. PS. einen Wert von 41 350 M. $\times$ 15 = 620 250 M.

Das macht pro eff. PS. einen Wert von **3101,25 M.**

Diesen Wert hat die Kraft nun wohl für den Besitzer; denn sie leistet ihm dasselbe und erfordert ebensoviel Ausgaben im Jahre wie die vollständige Dampfanlage gleicher Stärke im Werte von nur 55 000 M.; trotzdem wird sie ein Käufer nicht so hoch bezahlen, weil er mit viel geringerer Kapitalanlage und sonst gleichen Ausgaben dasselbe mit der Dampfkraft erreichen kann. Gibt er z. B. nur 1500 M. pro ausgebaute eff. PS., so sind dies bei 200 eff. PS. im ganzen 300 000 M. Die Ausgaben sind dann:

5% Zinsen	15 000 M.
$1^2/_3$% Abschreibungen	5 000 „
und wie oben für den Betrieb	3 350 „
	23 350 M.

Er spart also immerhin jährlich noch gegen den Dampfbetrieb 44700 — 23350 M. = 21350 M. an jährlichen Ausgaben.

In 12 Jahren hat er dann erspart 21350 M. × 12 = 256200 M.
abgeschrieben 5000 M. × 12 = 60000 „
in Summa 316200 M.

also schon mehr, als ihm die ganze Wasserkraft gekostet hat.

Nun gibt man jetzt aber noch lange nicht so hohe Preise für Wasserkräfte; kleine bezahlt man mit 500 bis 600 M., zuweilen auch schon bis 1000 M., größere mit etwa 300 bis 400 M. und ganz große, namentlich weiter entfernt gelegene, noch erheblich billiger. Mitunter kostet dann die rohe Kraft fast nichts, wenn sich deren Ausbau etwa sehr teuer stellen sollte.

Es ist ganz eigentümlich, daß nicht wenige Fachleute über den Wert einer Wasserkraft noch ganz im Unklaren sind; namentlich tritt diese Erscheinung bei manchen Ingenieuren hervor, welche solche Kräfte elektrisch ausbeuten sollen; hier sei eines ganz besonderen Falles mit gedacht. Ein Besitzer hatte eine solche, welche leicht auszubauen war und über 400 eff. PS. im Mittel liefert; er forderte dafür mit dem nötigen Grund und Boden zur Errichtung eines Stauwerkes 67500 M., was sehr billig war. In die Verkaufsverhandlungen drängte sich unberufen der Oberingenieur einer anderen, großen Elektrizitätsgesellschaft hinein, welche von Haus aus die Sache rund abgelehnt hatte; und er verstand es, den Besitzer soweit zu bekommen, daß er die Kraft mit dem nötigen Grund und Boden für 15000 M. an die benachbarte Stadt geradezu verschenkte; dieser kostet nun die ausgebaute Kraft mit dem ganzen Elektrizitätswerk, was jener Oberingenieur für seine Gesellschaft nun natürlich zu liefern bekam, reichlich 80000 M. nur, also 200 M. pro eff PS. mit der Elektrizität, während die ausgebaute Kraft allein mindestens 160000 M. wert ist. Entweder hatte der Oberingenieur wirklich keine Ahnung vom Werte einer Wasserkraft, oder er hat wider besseres Wissen den Besitzer so gedrückt, um für sich um so sicherer den Auftrag von der Stadt zu ergattern; weder eines noch das andere gereicht ihm zur besonderen Empfehlung etwa.

Auf der andern Seite geben wieder die Wasserkräfte

Veranlassung dazu, den Handelsschleifer beim Verkaufe des Holzstoffes möglichst im Preise zu drücken; und leider gab es viele unter diesen, welche schlecht rechnen und sich soweit herunterpressen ließen, daß sie noch bares Geld zulegten; neuerdings scheint aber mehr Einigkeit bei ihnen einzukehren, so daß sie alle zusammen auf solche Preise wenigstens halten, bei denen sie nicht noch Geld zugeben, sondern neben der Verzinsung ihres eignen Kapitals auch noch eine kleine Entschädigung für ihre eigne Tätigkeit haben.

Von einer solchen kleinen Handelsschleiferei aus Sachsen liegen folgende genaue Zahlen aus den Jahren 1904, 1905 und 1906 vor:

Es sollen 60 eff. PS. im Mittel da sein; doch haben diese nicht das ganze Jahr hindurch zur Verfügung gestanden, was man an der Produktion ersehen kann; dieselbe betrug 1904: 330 000 kg, 1905: 523 166 kg und 1906: 439 100 kg weißen Holzstoffs von durchschnittlich 36 pCt. Trockengehalt; er wurde zu 9,50 M. per 100 kg frei nahegelegener Papierfabrik gegen Kasse mit 2 pCt. Diskont verkauft, die Fracht für die Doppelladung dorthin war 12,70 M. Das Holz wurde mit 13,50 per Festmeter bezahlt und meist bis vor die Tür gebracht. Der Wert der ganzen Anlage war nur mit 65 000 M. angenommen; bei einer Anzahlung von 15 000 M. Also sämtliche Verhältnisse waren für Sachsen eigentlich sehr günstige zu nennen; denn anderweit war damals das Holz schon viel teurer, der Stoff dagegen billiger. Die Produktionen sollen nur in 300 Arbeitstagen erzielt worden sein, und zu 100 Kilo lufttrocknem Stoff seien 7,5 eff. PS. gebraucht worden; danach sind erzeugt worden:

im Jahre 1904: 118 800 kg lufttrockner Stoff, also 396 kg pro Tag, da sind 29,70 eff. PS. im Mittel ausgenutzt worden.
„ „ 1905: 188 340 kg lufttrockener Stoff, also 627,8 kg pro Tag, da sind 47,09 eff. PS. im Mittel ausgenutzt worden.
„ „ 1906: 158 076 kg lufttrockener Stoff, also 526,92 kg pro Tag, da sind 39,52 eff. PS. im Mittel ausgenutzt worden.

im Mittel sind dies $\frac{116,31 \text{ PS.}}{3}$ = 38,77 PS. gewesen.

Lassen wir nun hier das ausnahmsweise wasserarme Jahr 1904 hierbei außer Ansatz, so hat man 43,30 eff. PS. im Mittel gehabt. Rechnen wir rund 45 PS. zu 500 M., so sind dies 22 500 M. für die Wasserkraft; es bleiben noch 42 500 M. für die Fabrik samt Einrichtungen, Wohnhaus mit Garten und anderm Grund und Boden, und was sonst noch dazu gehört. Der Preis ist also ganz angemessen.

Nehmen wir nun das beste Jahr 1905; es wurden produziert:

523 166 kg Stoff von 36 % trocken = 188 340 kg trocken 9,50 M. per 100 Kilo		17 892.30 M.

Dagegen betrugen die **Ausgaben**:

523,2 fmtr. Holz à 13,50 M.	7 063,20 M.	
Löhne	3 360,80 „	
Fuhrlohn zur Bahn, 52,3 Waggons à 10,— M.	523,— „	
Fracht 52,3 Waggons à 12,70 M.	664,21 „	
Discont 2% von 17 892,30 M.	357,84 „	11 969,05 M.
bleibt Brutto-Ueberschuß von		5 923,25 M.
Die Hypothekenzinsen sollen für den Rest von 50 000 M. betragen 2 500 M. und weiter Reparaturen, Feuerversicherung, Steuern, Handlungsunkosten etc. 1 500 M., so sind dies zusammen		4 000,— M.
es bleiben noch		1 923,25 M.

Zu der Anzahlung von 15 000 M. will ich nur 5000 M. als Betriebskapital hinzurechnen, so sind im ganzen 20 000 M. mit 5 pCt. zu verzinsen; das sind 1000 M.; mithin bleiben nur noch 923,25 M. als Rest vom Gewinn übrig, welcher noch nicht einmal zu 2½ pCt. Abschreibungen auf die 37 500 M., ausreicht, wenn ich von dem Werte der Fabrik von 42 500 M. noch 5000 M. für Grund und Boden abziehe, für den, ebenso wie für die Wasserkraft, eine Abschreibung noch nicht einmal gemacht werden soll. Was hat nun der Besitzer für seine persönliche Tätigkeit und den Unternehmergewinn als Entschädigung in diesem **besten Jahre** gehabt? **Nichts weiter, als die freie Wohnung**, trotzdem er seinen eignen Werkführer und Buchhalter gespielt hat, wie sie eine größere Schleiferei doch unbedingt haben muß.

Wie aber stellt sich das Ergebnis erst für das ungünstigere, weil wasserarme, Jahr 1904?

330 000 kg Stoff von 36 % trocken = 118800 kg trocken à 9,50 Mk. per 100 kg	11 286,— M.

dagegen betragen die Ausgaben:

330 fmtr. Holz à 13,50 M.	4 455,— M.	
Löhne	2 959,40 „	
Fuhrlohn zur Bahn 33 Waggons à 10,— M. .	330,— „	
Fracht 33 Waggons à 12,70 M.	419,10 „	
Discont 2% von 11 286,—	225,72 „	8 389,22 M.
mithin bleibt ein Brutto-Ueberschuß von		2 896,78 M.

Zieht man die Hypothekenzinsen mit 2500 M. ab, so bleiben nur noch 396,78 M., welche zu den weiteren baren Ausgaben für Reparaturen, Feuerversicherung, Steuern, Handlungsunkosten usw. nicht im Entferntesten ausreichen; es ist also hier schon direkt mit barem Verlust von über 1000 M., schlecht gerechnet, gearbeitet worden; und an Zinsen des eignen Kapitals, Abschreibungen, Entschädigung für die eigne Tätigkeit und den Unternehmergewinn usw. ist erst recht nicht zu denken, so daß, wenn man diese mit in Rechnung setzt, eine ganz bedeutende Unterbilanz von weit über 3000 M. herauskommt, selbst wenn man nur bescheidne Abschreibungen rechnet und sich für die eigne Tätigkeit mit der freien Wohnung begnügen wollte. Dieser Fall mit wirklichen Zahlen aus dem Leben eines Holzschleifers ist typisch; so muß doch jeder Handelsschleifer rechnen, und dann wird er ja bald den Zeitpunkt erkennen, an dem er lieber den Betrieb ganz einstellen soll, als sich noch weiter im Preise für sein Produkt drücken zu lassen.

Im Vertrauen darauf, daß die meisten kleineren Handelsschleifer gar nicht, oder nicht richtig rechnen, sucht man sie bei sinkender Konjunktur in der Papierindustrie zu allererst im Preise zu drücken; und nicht wenige von ihnen lassen sich dann auch bis aufs äußerste drücken, weil sie sonst glauben, auf dem Stoff sitzen zu bleiben. Nun wird man heute in Sachsen wohl nirgends mehr so billiges Holz zu 13,50 M. per Festmeter frei Hof finden, während von andrer Seite der Preis von 9,50 M. für 100 Kilo Holzstoff schon als viel zu hoch angesehen wird. Kostet das Holz nun 18 M. per Festmeter, und bekommt man aus ihm 1000 Kilo feuchten Stoff von 36 pCt. Trockengehalt, so gibt man auf 100 Kilo trocknen Stoff grade 5 M. für Holz allein aus; rechnet man die andern Ausgaben nach vorstehenden Zahlen ebenfalls um, so hat man im vorstehenden Falle ausgegeben:

	1905	1904
an Holz	5.— M.	5.— M.
Löhnen	1.78,4 „	2.49,1 „
Fuhrlohn zur Bahn	0 27,8 „	0 27,8 „
Bahnfracht	0.35,3 „	0.35,3 „
2% Discont	0 19 „	0.19 „
Reparaturen, Versicherungen etc. .	0.79,6 „	1.26,3 „
Zinsen f. d. Hypothek.	1.34,7 „	2.10,4 „
„ f. d. eigne Kapital.	0.77.4 „	1.05,2 „
	10 52,2 M.	12.73,1 M.

Rechne ich noch durchschnittlich nur 5 pCt. vom Werte der Fabrik in Höhe von 37 500 M. als Abschreibungen und außerdem noch 2500 M. als Entschädigung für die eigne Tätigkeit, so sind dies wieder per 100 Kilo Stoff

Abschreibungen	0.99,6 M.	1.57,8 M.	die gesamten
f. d. eigne Arbeit	1.32,7 „	2.10,4 „	Herstellungs-
also demnach	12.84,5 M.	15.41,3 M.	kost. betragen

So genau und ins einzelne gehend, soll eigentlich jeder Holzschleifer seine Herstellungskosten berechnen; es kann ja sein, daß er selbst durch irgendwelche andre Arbeiten und Geschäfte verhindert ist, seinen eignen Werkführer zu spielen, und sich dann einen solchen engagieren müßte; nun, freie Wohnung und 2500 M. an Gehalt ist doch das Wenigste, was man dafür ansetzen muß. Im Durchschnitt kosten also die 100 Kilo lufttrocknen Stoffes alsdann 14.62,9 M. frachtfrei der nahen Papierfabrik herzustellen, und dabei hat der Besitzer nur 5 pCt. Zinsen für sein eignes Kapital und 5 pCt. an Abschreibungen auf die Fabrikanlage; also wirklich kein verlockendes Geschäft etwa.

Interessant ist nun, festzustellen, wieviel die Kraft allein hier kostet; es seien also nur die 5 pCt. Zinsen auf die Kraft von 22 500 M. mit 1125 M. gerechnet; dann sind dies per Kilo Stoff 0.59,7 und 0.94,7 M. Man sieht, die Kraft allein erfordert keine hohen Ausgaben.

Nun ist es leider nicht in Abrede zu stellen, daß in Sachsen, der Wiege der Holzstoffabrikation, die Verhältnisse sich für dieselben im Laufe der Jahre am allerungünstigsten gestaltet haben; es sind nicht bloß der Wasserschleifereien zu viele geworden, so daß sie sich gegenseitig die Preise für Holz immer mehr in die Höhe getrieben, die für Holzstoff immer mehr heruntergedrückt haben, sondern noch mehr haben dazu die großen Dampf-Holzschleifereien beigetragen, welche man namentlich dort in immer größerer Zahl errichtet und erweitert hat. Eine solche von 3000 PS. verarbeitet in 330 Tagen rund 50 000 Festmeter Holz; tritt nun an einer einzigen Stelle mitten in vielen kleineren Wasserschleifereien auf einmal eine Fabrik mit solchem großen Bedarf auf, so müssen die Holzpreise immer weiter steigen, während vielen Handelsschleifern sowohl das Holz, als auch der Absatz in Stoff plötzlich ganz entzogen wird; sie müssen wegen beiden weiter weggehen, ihr Holz aus Bayern, Thüringen, dem Harz und noch weiter weg herholen, und ebenso ihren feuchten Stoff in immer größere Entfernungen versenden, wenn sie sich nicht etwa in größerer Zahl vereinigen und gemeinsam eine Papiermaschine aufstellen und auf dieser ihren Holzstoff mit Sulfitstoff zusammen in Zeitungsdruck verwandeln, und als solchen verkaufen und exportieren; natürlich wird das den großen Zeitungsdruckpapierfabriken auch wieder nicht angenehm sein; aber es wäre nicht zu verwundern, wenn es doch dazu noch kommen würde; denn den sächsischen Handelsschleifern wird das Leben nicht leicht gemacht.

Die großen Dampfholzschleifereien werden ja nur für eignen Bedarf bis jetzt errichtet; sie bieten ja die großen Vorzüge, daß man niemals in Verlegenheit kommen, sich jeden Tag das erforderliche Quantum in nächster Nähe frisch und grade in der besonderen Qualität herstellen kann, welche man für seine Papiere benötigt; außerdem hat man immer mit ungefähr gleichen Herstellungskosten zu rechnen, solange die Holzpreise dieselben sind; man kann also sicherer wohl, aber keinesfalls billiger kalkulieren; denn eine Dampfschleiferei muß entschieden erheblich teurer arbeiten, als eine mit Wasser betriebene, solange die Wasserkräfte noch zu so billigen Preisen zu haben sind.

Gleiche Herstellungskosten werden Dampf- und Wasserschleifer erst dann haben, wenn bei mittleren Anlagen bis zu 200 PS. etwa die Wasserkraft pro ausgebaute eff. PS. rund 3100 M. kostet, wie aus der Berechnung hervorgeht, welche am Anfang dieses Abschnittes zur Ermittlung des Wertes einer Wasserkraft aufgestellt worden ist.

Es soll nun auch noch eine ganz große Dampfschleiferei von 3000 eff. PS. mit einer gleich großen Wasserschleiferei verglichen werden; diese werden mit 6 eff. PS. schon 100 Kilo Holzstoff in 24 Stunden herstellen; die Kohle koste 1,75 M., und es sollen von dieser nur 0,8 Kilo pro Stunde und eff. PS. nötig sein. Einzelne Lokomobilen haben ja neuerdings für kurze Zeit den Bedarf noch unter die Hälfte heruntergebracht, doch wird man solche Zahlen bei einem regelrechten, flotten Betriebe niemals erreichen können; einstweilen ist das noch Zukunftsmusik in höchster Potenz.

Bei der Wasserkraft hat man also nur nötig, die Zinsen von 400 M.; das sind 20 M.; macht pro Arbeitstag 0,06 M.; das sind für 6 eff. PS. zu 100 kg Stoff also 0,36 M.

Dagegen hat man dafür an Kohlen allein schon nötig $0{,}8\ \text{kg} \times 24\ \text{Std.} \times 6\ \text{PS.}\ \frac{1{,}75\ \text{M.}}{100} = 2{,}02\ \text{M.}$

Dann betragen bei der Dampfanlage Löhne, Reparaturen, Abschreibungen, Zinsen, Handlungsunkosten usw. pro eff. PS. im Jahre mindestens 60 M. mehr als die entsprechenden Ausgaben bei der Wasserkraft; das sind für 100 kg Stoff wieder $\frac{60 \times 6}{330}$ M. $= 1{,}09$ M. Der Unterschied zwischen Wasser und Dampf ist also $2{,}02 + 1{,}09 - 0{,}36\ \text{M.} = 2{,}75\ \text{M.}$ per 100 kg Stoff, um welche die Dampfschleiferei teurer arbeitet als eine solche mit Wasserkraft.

Bei einer großen Anlage von 3000 eff. PS. sind dies im Jahre $\frac{3000 \times 330}{6} \times 2{,}75\ \text{M.} =$ **453 750 M.**!! Dafür kann man die rund 5000 Waggons feuchten Holzstoff schon aus weiter Entfernung beziehen; es sind dies rund 90 M. Fracht für den Waggon.

Es verbietet sich also schon den Dampfschleifern ganz von selbst, daß sie ebenso billig den Stoff anbieten wie die Wasserschleifer; noch weniger aber können sie sie gar noch unterbieten!

Sehen wir einmal in die Zukunft und nehmen an, daß die großen Wasserkräfte ausgebaut sogar 1000 M. kosten sollen, so hätte man für 6 PS. in 24 Std. 0,91 M. an Zinsen zu rechnen; und anderweit soll man den Kohlenverbrauch wirklich im ganzen Jahresbetrieb auf durchschnittlich 0,4 kg pro PS. und Std. herabdrücken können, nun, so müßte man immer noch 1,01 M. per 100 Kilo Stoff an Kohlen ausgeben; zu der Differenz von 0,10 M. kommen aber immer noch die andern Unkosten hinzu; und falls es wirklich gelingen sollte, diese noch von 1,09 auf 0,90 M. sogar herunterzudrücken, hätte man immer noch 1 M. Mehrkosten; bei einer Anlage von 3000 PS. sind dies dann trotzdem noch 165 000 M. Mehrausgaben im Jahre! Das macht für die rund 5000 Waggons feuchten Holzstoffs immer noch 33,5 M. an Fracht für jede Doppelladung aus.

Die Handelsschleifer brauchen sich also auf keinen Fall vor den großen Dampf-Holzschleifereien zu fürchten; denn diese können unmöglich dauernd so große Summen zusetzen; allerdings tragen sie bedeutend zur Verschlechterung des Marktes bei, wie schon im Vorstehenden näher ausgeführt worden ist.

Es sei hier noch besonders auf die Nr. 41, 44 und 45 der Holzstoff-Zeitung vom Jahre 1907, Nr. 46 des Wochenblatt für Papierfabrikation von 1904, Nr. 73 und 78 der Papierzeitung vom Jahre 1908 und andere mehr hingewiesen.

Für jeden, namentlich aber für den Wasserschleifer ist es von großer Bedeutung, daß er von den jährlich zur Arbeit ausnahmsweise frei gegebenen Sonntagen so viel als irgend möglich mit benutzt, namentlich, wenn der Wasserstand ein guter ist, daher das Wasser nicht angestaut werden kann, sondern unbenutzt wegfließen gelassen werden müßte. Auch sonst muß er sich über die Wassergesetzgebung seines Landes aufs Genaueste unterrichten; diese Vorschriften und Gesetze sind ja in den verschiedenen deutschen Bundesstaaten verschieden, und ebenso in den außerdeutschen Ländern wieder; sie einzeln anzuführen würde daher viel zu weit gehen, und muß es daher allen

Wasserwerksbesitzern überlassen, aber auch dringend empfohlen werden, selbst die Vorschriften und Gesetze ihres Landes genau zu studieren und zu beachten.

Es ist nun ohne Zweifel für viele Wasser-Schleifereien von großem Vorteil, wenn sie sich für wasserarme Zeiten eine Aushilfskraft aufstellen; in Frage kommen vor allem hier Sauggasmotor und Heißdampflokomobile; im Fragekasten in Nr. 4 der Holzstoff - Zeitung von 1909 sind vier verschiedene Urteile veröffentlicht worden, von denen drei unbedingt der Heißdampflokomobile den Vorzug geben und nur eines für den Sauggasmotor lautet; L. Koch-Duderstadt hat hierbei ausführlich durch Rechnung nachgewiesen, daß ein Sauggasmotor nicht bloß erheblich teurer in den Anlage-, sondern auch in den Betriebskosten ist.

In solchen Reservekraftanlagen wird man natürlich auch die Schälspäne und andere Holzabfälle des Schleifholzes mit verbrennen und so am besten verwerten. Kann man auf diese Weise in wasserarmen Zeiten dann mehr Stoff erzeugen, als man fest verkauft hat, wird man dann diesen Ueberschuß leicht zu besseren Preisen unterbringen, so daß sich die Reservekraft selbst in kurzer Zeit schon recht gut bezahlt macht.

Große Schleifereien, welche ihr Produkt auf weite Entfernung hin versenden — also überseeisch — und namentlich nach Ländern, welche hohe Einfuhrzölle darauf erheben, tun gut, ihren Stoff nicht feucht, sondern trocken zum Versand zu bringen, um so an Frachten und Zöllen bedeutende Summen zu sparen. Am vorteilhaftesten benutzt man dazu natürlich Anlagen, welche auf dem Gegenstromprinzip beruhen, somit die Wärme am besten ausnutzen und die geringsten Unkosten verursachen; also der fast völlig schon getrocknete Stoff kommt zuletzt mit der frischen warmen Luft zusammen, während die abziehenden, mit Wasser fast völlig gesättigten Gase noch zuletzt neuen feuchten Stoff umspülen. Man wird dazu natürlich am vorteilhaftesten denselben in dicke Bogen, resp. dünne Pappen verwandeln und in dieser Form dem warmen Luftstrom entgegenführen.

Die Eisengießerei und Maschinenfabrik Act.-Ges. in Bautzen baut dazu horizontale Kanaltrockenanlagen, in denen die aufgehängten Bogen auf Kanalwagen am hinteren Ende eingeführt werden und am vorderen Ende die Kanäle trocken verlassen. In einem besonderen Apparate wird die Luft erwärmt, mit einem Ventilator vorn in die Kanäle eingetrieben und hinten durch einen Schornstein abgeführt.

Ingenieur Hjorth in Chirstiana baut für denselben Zweck vertikale Türme mit einem Doppelschacht; die feuchten Pappen steigen erst in dem einen in die Höhe und gehen dann im zweiten wieder nach unten, während ihnen in gleicher Weise die warme Luft entgegengetrieben wird.

Selbstredend wird man beide Trockenanlagen ebenso gut und noch besser und mehr zum Trocknen der fertigen Pappen benutzen; nicht bloß für gewöhnlichen Holzstoff; namentlich in Deutschland wird man sie nur zu diesem Zwecke bauen, da man sonst den Stoff nur feucht zum Versandt bringt.

Trockner Holzstoff löst sich nämlich viel schwerer wieder auf als feuchter; durch die Inkrusten und namentlich das Harz des Holzes „verholzt" gleichsam der Stoff beim Trocknen wieder und um so mehr, je älter er ist. Es kommt dann vor, daß man ihn nicht anders wieder auflösen kann, als daß man ihn nochmals schleift. Denn trotzdem man ihn möglichst vorher erst mit besonderen Maschinen, nach Art der Kaffeemühle gebaut, zerbricht, und dann noch in warmem Wasser einweicht, ist er in den verschiedenen Auflösemaschinen von Werner & Pfleiderer, Dr. Wurster, Robert Dietrich usw. immer noch schwer in eine gleichmäßige Masse wieder zu verwandeln; deswegen bevorzugen alle Papierfabriken nach Möglichkeit den Bezug feuchten Holzstoffs.

Selbst für diesen — also feuchten — Stoff wird mehrfach empfohlen, ihn nicht direkt in die Holländer zuzuteilen, sondern erst in besonderen Apparaten aufzulösen und zu bearbeiten. Von Interesse sind da die in Nr. 37 und 38 der Holzstoff-Zeitung von 1908 gebrachten ausführlichen Mitteilungen eines Fachmannes, „Ti.", der große Mengen Holzstoffs in einer großen Druckpapierfabrik derart behandelt hat; er gibt die Leistung pro Stunde und den ungefähren Kraftverbrauch an für die verschiedenen Apparate, aus denen sich folgende Leistungen pro Stunde und pro PS. berechnen lassen, wobei die alten Maschinen nicht weiter berücksichtigt sein sollen, da sie zu wenig leisteten:

	Kollergang	22,4	kg trocken gedachten Holzstoff
Apparat von	Werner & Pfleiderer .	42,8	„ „ „ „
„ „	Robert Dietrich . . .	50,0	„ „ „ „
„ „	Dr. Wurster Mod. II .	58,8	„ „ „ „

Man sieht, wie außerordentlich ungünstig hier der Kollergang abschneidet; und trotzdem wird man ihm für gewisse Papiere den Vorzug geben, da der Holzstoff ziemlich lang gehalten und etwas reichlich rösch sein mußte, was tadellos erreicht wurde; ebenso kann man ihn aber auch kurz und schmierig bekommen. Bei den Knetern ist dies natürlich viel weniger leicht zu erreichen; nur dem „Wursterschen Apparate“ sagt er nach, daß er dem Kollergang ganz nahe kommt, weil man auch mit ihm den Stoff so bekommen kann, wie man ihn haben will, d. h. rösch oder schmierig. Der Dietrich'sche Kneter liefert ihn hauptsächlich lang und rösch. Diese Kneter unterscheiden sich in einem Punkte nun ganz wesentlich noch vom Kollergang, indem sie Fremdkörper nicht mit auflösen, sondern ganz lassen; somit fallen dann im Papier Splitterchen, Spuren von Rinde usw. weit mehr und unangenehmer auf, wenn der Holzstoff geknetet wurde, während der Kollergang alles mit zermalmt; für feinere Papiere ist es daher zu empfehlen, den gekneteten Holzstoff auf ein Schüttelsieb zu geben und ihn hier noch von Mädchen nachsortieren und von solchen Fremdkörpern befreien zu lassen.

Nach der Betrachtung über die Abwässer-Reinigung sei noch kurz der Reinigung des Fabrikationswassers gedacht. Obgleich streng genommen dies eigentlich nicht hierher gehört, da die hierfür gebräuchlichen Einrichtungen nicht nur von den Holzstoffabriken, sondern allen anderen, reines Wasser gebrauchenden Industrien benutzt werden, so ist doch mechanisch und womöglich auch chemisch recht reines Fabrikationswasser für die Holzschleifereien fast ebenso wichtig, wie für die Papierfabrikation. In meinem Buch: „Die Praxis der Papierfabrikation" habe ich bereits verschiedene Wasserreinigungsanlagen angegeben und gesagt, daß die einfachste und beste diejenige sei, wo das Wasser in großen und tiefen Teichen bei nahezu ruhigem Stehen seine beigemengten schweren und dasselbe verunreinigenden Bestandteile durch Absetzenlassen verliere. Nicht überall aber ist es möglich, diese Methode zur Ausführung zu bringen, und deshalb sei an dieser Stelle noch das Verfahren von Hans Reisert in Cöln erwähnt, welches verhältnismäßig wenig Platz beansprucht, sehr bequem zu handhaben ist und noch den großen Vorteil bietet, durch verschiedene Kombinationen die Klärung zu beschleunigen und durch eventuelle Anwendung von Chemikalien nicht nur mechanisch verunreinigtes Wasser, sondern auch solches, welches schädliche Bestandteile gelöst enthält, reinigen zu können. Deshalb sind die Reisertschen Anlagen gleichzeitig auch zur vorherigen Reinigung von Dampfkessel-Speisewasser zu empfehlen.

Herr Reisert hat in einer Broschüre verschiedene Wege angegeben, die bei der Wasserreinigung je nach der Art der betreffenden Industrie verschieden sein können und müssen. In unserem Falle kommt es nur darauf an, meist durch Regen oder Fabrikabwässer getrübtes Flußwasser zu klären, aber auch eventuell Eisenverbindungen, ferner Kalk- und Magnesiasalze, welche teilweise zersetzend auf die Harzseife einwirken (Papierfabrikation) und auch sehr nachteilig bei dem Färben des Papiers sein können, zu beseitigen. Eisenhaltiges Wasser trübt bekanntlich die Nuancen der helleren Papiersorten und hat auch Einfluß auf den frischen Ton guten Holzstoffes. Die Wirkung ist durch bloße Durchlüftung auf Gradierwerken oder durch andere Zuführung von Luft schon öfter aufgehoben worden; die löslichen Eisenoxydulverbindungen werden hierdurch oxydiert und ausgefällt, so daß sie bequem abfiltriert werden können. Man kann aber auch seine Zuflucht zu Kalk und Soda oder Kalk allein nehmen, welcher in der Form von gesättigtem Kalkwasser mit Hilfe des Dervauxschen Kalksättigers in zuträglichen Mengen bequem zugeführt werden kann.

Da durch Anwendung der angeführten chemischen Mittel hier das Eisen ausgefällt wird, so handelt es sich dabei auch nur um die Entfernung fester Stoffe, und dies kann geschehen 1. durch das schon erwähnte Absetzenlassen, 2. durch Filtration und 3. durch Verbindung beider Methoden.

Bei der Benutzung von Filtrationsapparaten kommen nun doch folgende Haupterfordernisse in Frage:

1. Große, keinen bedeutenden Schwankungen unterworfene Leistungsfähigkeiten bei verhältnismäßig sehr geringem Volumen.

2. Möglichst geringe Abnutzung des Filtermateriales, so daß letzteres entweder gar nicht, oder nur in äußerst seltenen Fällen erneuert zu werden braucht.

Fig. 101.

3. Bequeme und gründliche Reinigung des mit Schlamm versetzten Filtermaterials, ohne nennenswerten Aufwand an Zeit, Kraft und Spülwasser.

Diese Bedingungen sind nun durch die im Folgenden zu beschreibenden Reisert'schen Einrichtungen erfüllt, wie durcb viele Hunderte von praktischen Ausführungen bewiesen wird, von denen ein Teil auch im Besitz von Papier- Zellulose- und Holzstofffabriken sind.

Zunächst ist Reisert's Patent-Kiesfilter, D. R. P. 75 628, zu erwähnen. Dasselbe ist in Figur 101 in der äußeren Ansicht und in den Figuren 102 und 103 im Durchschnitt dargestellt. Wie daraus ersichtlich, besteht der Apparat aus einem oben offenen oder geschlossenen Behälter von zylindrischer oder prismatischer Form, in welchem in gewissem Abstand horizontal zwei Siebe f, f aus gelochtem Blech und Drahtgeflecht eingebaut sind. Der Zwischenraum ist mit feinem Perlkies F bis $^4/_5$ der Höhe ausgefüllt. Fig. 102 zeigt den Apparat im gewöhnlichen Betrieb. Das trübe Wasser strömt durch das Ventil A, durchdringt den Kies und fließt durch das Ventil B klar ab. Ist das Filtermaterial soweit verschlämmt, daß die Leistung merklich abzunehmen beginnt, so muß das Filter ausgewaschen werden. Man schließt hierzu das Ventil A, öffnet dagegen das Schlammabflußventil E (Fig. 101) und das

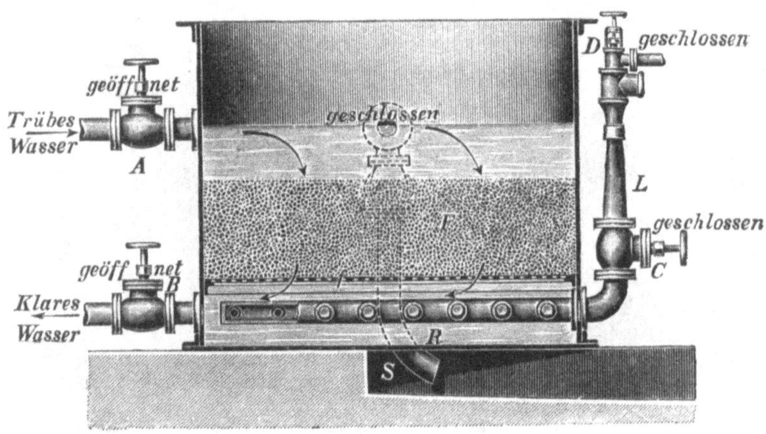

Fig. 102. Filter während des Betriebes.

Lufthähncnen X. Desgleichen öffnet man das Ventil C (Fig. 103) und setzt mittels des Dampfventils D den Luftkompressor L in Tätigkeit. Die in das Rohrsystem R gepreßte Luft strömt durch eine Anzahl kleiner Oeffnungen unter das Filtriermaterial und in dasselbe hinein und wühlt es, unter gleichzeitiger Rückströmung des Wassers, energisch auf. Der Schlamm wird hierdurch losgerissen und fließt durch das Ventil E ab, während die Luft durch den Hahn X entweicht und der Dampf kondensiert wird. Nach wenigen Minuten stellt man den Luftkompressor L wieder ab und läßt das Wasser noch zwei bis drei Minuten zurückströmen, damit so alle Luft aus dem Kies entfernt und letzterer völlig rein wird. Hierauf werden die Ventile wieder in die ursprüngliche Lage (nach Fig. 102) gestellt. Das Auswaschen erfordert etwa fünf Minuten.

Durch die Möglichkeit, den Patentfilter in so kurzer Zeit ganz bequem und vollkommen wieder reinigen zu können, erklärt es sich nun, daß ein verhältnismäßig doch nur sehr kleines Quantum von Filtermaterial eine sehr große Menge von unreinem Wasser zu reinigen vermag. Da außerdem das Filtriermaterial nie ersetzt oder erneuert zu werden braucht und seine Reinigung täglich ohne irgend nennenswerten Zeit- und Wasserverlust geschehen kann, so ist der Wert dieser Methode gegenüber den übrigen großen Sand- und Kiesfiltern deutlich ersichtlich.

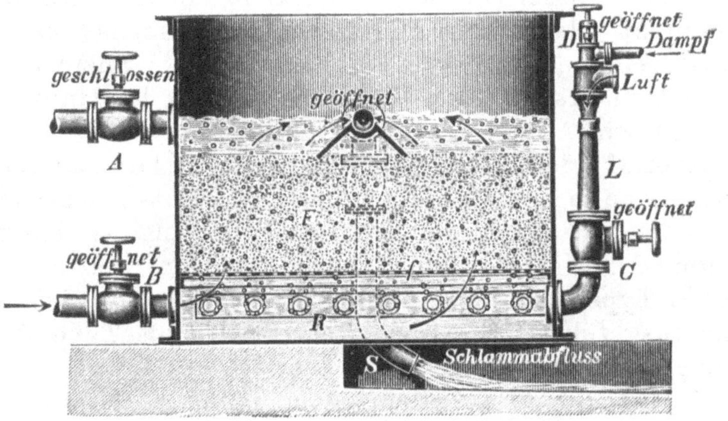

Fig. 103. Filter während des Auswaschens.

Die vorstehenden Apparate werden in der Regel in neun Größen gebaut, deren Durchmesser bei der kleinsten Nr. 1 0,70 m und bei Nr. 9 2,85 m beträgt, wobei Nr. 1 eine mittlere Leistung pro Stunde von 3 cbm und Nr. 9 eine solche von 50 cbm pro Stunde besitzt. Ist die zu filtrierende Wassermenge noch größer, so wird eine ganze Batterie solcher Filter nebeneinandergestellt, für die aber ebenfalls nur ein Luftdruckapparat genügt. Auf diese Weise sind schon Anlagen von 6000 bis 8500 cbm Leistungfähigkeit für 24 Stunden hergestellt worden, was der Möglichkeit entspricht, stündlich 250 cbm trübes Wasser in brauchbares zu verwandeln.

Die Leistungfähigkeit der Filter ist naturgemäß von der Beschaffenheit des Wassers abhängig; doch kann man durchschnittlich für 8 cbm in der Stunde 1 qm Filterfläche annehmen. Neuerdings werden auch noch eiserne, geschlossene, unter Druck arbeitende Filter gebaut; in der Reinwasserleitung ist ein Regulierorgan mit einem Zeiger eingeschaltet, durch welches nicht allein der Wasserzufluß geregelt wird, so daß weder zu viel, noch zu wenig Wasser durch das Filter fließt, sondern auch noch angezeigt wird, wann das Filter verschlammt und die Zeit zum Auswaschen gekommen ist. Diese Reguliervorrichtung ist sehr wichtig; denn sie verhindert eine zu große Filtriergeschwindigkeit, durch welche anfangs aus frisch ausgewaschenem Filter Schlamm mitgerissen werden würde.

Wenn Wasser in seiner natürlichen Beschaffenheit sich nicht klar genug filtrieren läßt, so ist es notwendig, ein geeignetes Niederschlagsmittel anzuwenden, das dem zu filtrierenden Wasser in Lösung kontinuierlich zugefügt wird.

Hierauf sind nun die folgenden selbsttätigen Wasserreinigungs-Apparate, Patent Dervaux, gegründet. Je nach der Art der Reinigung werden drei voneinander verschiedene Konstruktionen gebaut. Die frühere Type A, welche ohne Filter arbeitete, wird nicht mehr ausgeführt, da sie viel teurer wird als Type B und Vorzüge vor derselben nicht besitzt.

Type B dient vor allem dazu, um harte Wässer, und besonders solche, welche viel doppelkohlensaure Verbindungen enthalten, ebenso auch öl- und eisenhaltige Wässer vollständig weich und rein zu machen und kristallklar zu filtrieren. Der Apparat besteht aus

1. einem kontinuierlich wirkenden Kalksättiger;
2. einem Sodastandsrohr;
3. einem Verteilungsapparat;
4. einem Reaktionsraum und
5. einem Reisert'schen Kiesfilter.

Er ist in Fig. 104 in der Ansicht und in Fig. 105 im Längsschnitt dargestellt.

Ueber die anzuwendenden Chemikalien ist vorher zu erwähnen, daß Kalkhydrat (Aetzkalk) das billigste Fällungsmittel aller doppelt-kohlensauren Salze — und bei gleichzeitiger Anwendung von kalzinierter Soda (kohlensaurem

Natron) zur Fällung der schwefelsauren und anderen Verbindungen weitaus billiger ist als kaustische Soda (Aetznatron), welche bei manchen anderen Reinigungsverfahren angewendet wird. Da man aber nun Kalk nicht wie Soda bis zur beliebigen Konzentration im Wasser auflösen kann, und Kalkmilch im kontinuierlichen Betriebe sich nicht in stets gleichmäßiger Menge anwenden läßt, so kommt dem vorliegenden Falle die Eigenschaft des Kalkes zustatten, daß er sich in einem ganz bestimmten Verhältnis, nämlich 1:778 im Wasser löst und sich hiernach dieses sättigt.

Ueber diese Sättigung hinaus nimmt das Wasser keinen Kalk mehr in Lösung auf. Darauf basierend ist der Dervauxsche Patent-Kalksättiger konstruiert. Er besteht im wesentlichen aus einem aufrechtstehenden konischen Gefäß S, dessen engster Querschnitt sich unten befindet. Durch den Hahn K und das Rohr V wird die vor einer Arbeitsschicht bereitete Kalkmilch (durch Ablöschung und Verdünnung des Kalkes im Behälter J) ganz unten in den Kalksättiger eingeführt, nachdem man unmittelbar vorher die ausgelaugten Kalkreste durch den Hahn L entfernt hat. Ein stets gleichbleibender, genau eingestellter Wasserzulauf aus dem Regulierbehälter R fließt durch den Hahn und das Rohr V unter die vorher eingeführte Kalkmasse und wirbelt diese stets auf. Das Wasser nimmt den Kalk stets mit in die Höhe, bis die Wassergeschwindigkeit infolge der zunehmenden Querschnittserweiterung so gering wird, daß die Kalkteilchen, weil schwerer, nicht mehr folgen, wodurch das Kalkwasser, nachdem es sich vollständig mit dem Kalk gesättigt hat, geklärt den Kalksättiger durch das Rohr U verläßt. Die zurückfallenden Kalkteilchen werden also stets wieder von der Wasserströmung erfaßt und bis zur völligen Erschöpfung ausgelaugt. Aus dem Sättigungsapparat tritt das Kalkwasser in das Mischrohr E, in welches auch aus dem Sodastandrohr B durch Rohr N die Sodalösung, sowie aus der Abteilung R durch den Hahn P das Rohwasser zufließt. Die Sodalösung wird täglich einmal durch Auflösen einer bestimmten nach der Analyse des Wassers angegebenen Gewichtsmenge von Soda in der Abteilung C des Verteilungsbehälters hergestellt und nach vorheriger Entleerung des Sodastandrohres B in dieses durch Hahn G und das daran anschließende Rohr abgelassen. Die in dem Standrohr B befindliche Sodalösung wird durch ruhig oben aus dem Behälter R durch Ventil Q einströmendes Roh-

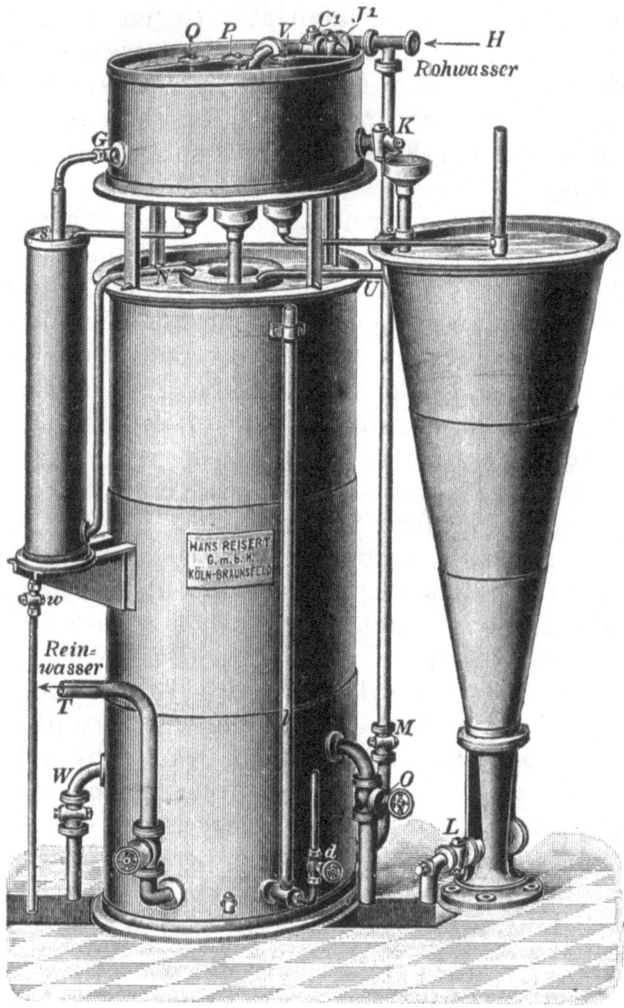

Fig. 104.

wasser infolge ihres größeren spezifischen Gewichtes, ohne sich mit dem Rohwasser zu vermischen, allmählich nach unten verdrängt, von wo sie durch das Rohr N in das Mischrohr E gelangt. Ein Schwimmer s zeigt den jeweiligen Gehalt des Sodastandrohres B an Sodalösung und deren völligen Verbrauch an einer Skala an; denn die Höhe und das spezifische Gewicht der Flüssigkeitssäule

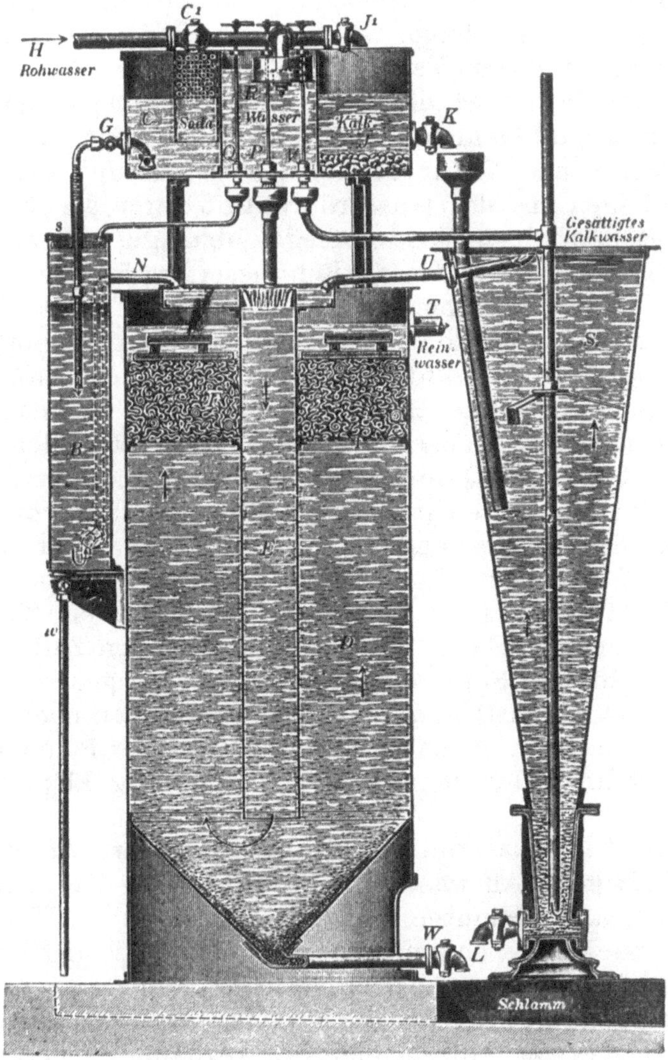

Fig. 105.

in dem mit Sodalösung gefüllten Abflußrohre N bleibt konstant bis zur Erschöpfung des Behälters B, d. h. bis die Sodalösung aus diesem verdrängt ist und Rohwasser in das Rohr N einzutreten beginnt, während die Flüssigkeitssäule im Behälter B infolge des oben einströmenden Rohwassers spezifisch leichter wird und naturgemäß steigt. Es ist einleuchtend, daß die Menge der durch Rohr N in das Mischrohr E abfließenden Sodalösung genau proportional ist der Menge des sie verdrängenden aus dem Behälter R durch das Ventil Q nachströmenden Rohwassers. — Da nun in der Abteilung R des Verteilungs-Apparates die drei Regulierventile P für Rohwasser, V für gesättigtes Kalkwasser und Q für Sodalösung in ein und derselben Ebene liegen und der Wasserdurchfluß durch sie stets von ein und demselben Wasserspiegel abhängig ist, so folgt hieraus, daß die Mengen an Rohwasser, gesättigtem Kalkwasser und Sodalösung stets, auch bei stark wechselndem Wasserzufluß aus Rohr H, einander genau proportional sind, und diese drei Zuflüsse hören gleichzeitig auf, wenn die Wasserzuleitung H abgesperrt wird. Demnach ist eine vollständig selbsttätige Wirkung vorhanden. Die Ventile P, V und Q sind nach einer empfindlichen Skala mit Zeiger genau einstellbar. — Das Gemisch von Rohwasser, Sodalösung und gesättigtem Kalkwasser strömt in dem Mischrohre E nach unten und gelangt somit in den Reaktionsraum D. In diesem setzt sich ein Teil des ausgefallenen Schlammes nieder und wird von Zeit zu Zeit durch Hahn und Rohr W abgelassen. Im übrigen steigt das Wasser im Raum D in die Höhe und fließt von oben durch ein Ueberfallrohr in das Reisertsche Kiesfilter F, um darauf durch Rohr T den Reinigungsapparat völlig klar zu verlassen.

Das Filtermaterial braucht nie erneuert zu werden. Das Reinigen (Auswaschen) desselben beansprucht nur wenige (ca. 5) Minuten.

Je nach der Schlammenge geschieht dies täglich ein- oder zweimal, eventuell noch seltener. Man verfährt dabei auf folgende Weise: Zunächst öffnet man den Schlammhahn O und stellt die beiden Dreiweghähne M und M^1 so um, daß das dem Apparat zufließende Wasser anstatt in den Verteilungsapparat durch das Rohr M unter das Filter gelangt; alsdann setzt man den Luftdruckapparat Y durch Oeffnen des Dampfventils d in Tätigkeit. Während nun die verteilt durch das Filter gedrückte Luft das Filtriermaterial gründlich aufrührt und den Schlamm losreißt, nimmt das rückströmende Wasser denselben mit und führt ihn zum Schlammabzugsrohr fort. Nach zwei bis drei Minuten stellt man den Luftdruckapparat Y wieder ab und läßt das Wasser noch so lange zurückströmen, bis es aus dem Schlammhahn O nicht mehr schlammig austritt. Schließlich setzt man die Dreiweghähne M und M^1 wieder in die ursprüngliche Lage zurück, so daß das Wasser wieder in den Verteilungsapparat strömt.

Die Apparate Type B haben sich zur Reinigung aller, besonders in ihrer Zusammensetzung häufig wechselnder und stark schlammhaltiger Wässer, z. B. Flußwässer ausgezeichnet bewährt. Ebenso sind sie auch zur Entfernung von Oel aus Kondenzwasser mit bestem Erfolg angewendet worden.

Wenn gewünscht, lassen sie sich auf einfache Weise mit einer Vorwärmung kombinieren. In diesem Falle wird in dem Reaktionsraum D ein einfacher geschlossener Vorwärmer angebracht, bestehend aus zwei zylindrischen, konzentrisch angeordneten Mänteln, die außen von dem Wasser umspült werden, während durch den innern ringförmigen Hohlraum Abdampf oder direkter Dampf geleitet wird.

Die Größenverhältnisse dieser Einrichtung, Type B, schwanken von 4 m Höhe an bis 10,5 m bei einer Leistungsfähigkeit von 2 bis 50 cbm pro 1 Stunde. Noch größere Apparate erhalten zwei Filter, und wenn nötig auch zwei Kalksättiger.

In neuerer Zeit wird die Type Bs auch noch gebaut, bei welcher das Kiesfilter nicht innen im Apparat eingefügt ist, sondern besonders daneben steht.

Selbsttätiger Wasserreinigungs - Apparat, System Hans Reisert, D. R. P. Type C, zur Reinigung von Wässern mit teils gelösten, teils festen Substanzen, mittels kaustischer und kalzinierter Soda, eventuell auch Natronlauge auf kaltem oder warmem Wege.

Dieser Apparat ist konstruiert und hat sich besonders empfehlenswert erwiesen für solche Wässer, die nicht allzuviel kohlensaure Salze enthalten, sowie für kleinere Wassermengen, so daß durch die Verwendung kaustischer Soda anstatt Kalkhydrat die laufenden Kosten nicht zu groß werden. Auch hat sich dieser Apparat zur gänzlichen Entfernung von Oel aus Kondenswasser, sowie von Eisen aus eisenhaltigem Wasser bewährt. Dieser Apparat besteht aus einem Hochbehälter für die Sodalösung und die Wasserregulierung, aus einem Reaktionsraum und einem Reisertschen Patent-Filter. Weggefallen ist dagegen der Kalksättiger. Die

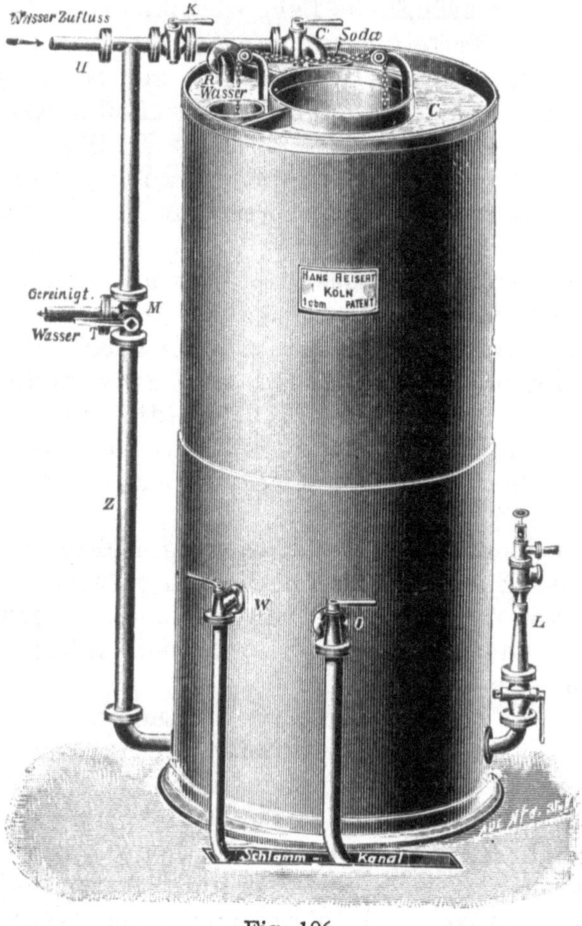

Fig. 106.

Fig. 106 und 107 zeigen ihn in der Ansicht und im Durchschnitt, und ersieht man daraus, daß er in den Hauptteilen wie Type B in Fig. 104 und 105 gebaut ist.

Die Sodalösung befindet sich in dem Abteil C. Sie wird dadurch hergestellt, daß man eine gewogene Menge kaustischer und kalzinierter Soda in denselben einbringt,

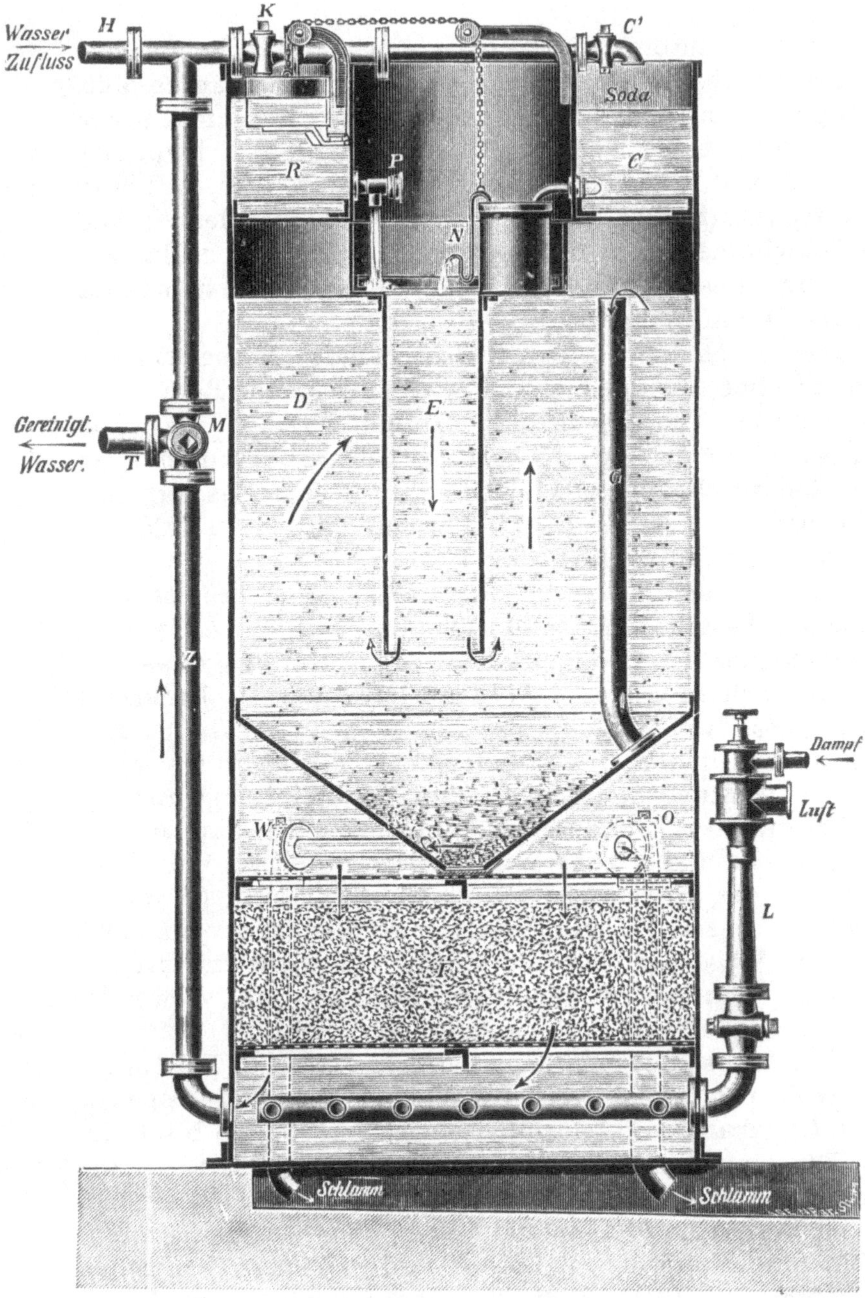
Wasser
Zufluss
H
K
C'
Soda
R
C
P
N
D
E
Gereinigt.
Wasser.
M
T
Z
Dampf
Luft
W
O
L
Schlamm
Schlamm

Fig. 107.

worauf man durch den Hahn C^1 eine entsprechende, auf einer Skala abzulesende Menge Wasser darüber laufen läßt. Die Regulierung des Auslaufs dieser Lösung geschieht unter Vermittlung eines Syphons N, der von dem Schwimmer in dem Abteil R aus beeinflußt wird, so daß beim Aufhören des Wasserzuflusses und dem damit eintretenden Sinken des Schwimmers auch die Sodalösung aufhört auszulaufen. Auch in diesem Falle ist also die Wirkungsweise des Apparates eine vollständig selbsttätige.

Das durch das Ventil P austretende Wasser mischt sich mit der Sodalösung und wird durch das Rohr E in den unteren Teil des Reaktionsraumes D geführt. Von hier steigt es in die Höhe und fließt nach vollendeter Reaktion durch das Rohr G über das Filter F, passiert dasselbe und verläßt gereinigt — weich und kristallklar — den Apparat durch das Rohr T.

Die Bedienung des Apparates ist eine äußerst einfache und besteht darin, daß täglich einmal ein bestimmtes Gewichtsquantum Soda aufgelöst, das Filter ausgewaschen und der Schlamm aus dem Reaktionsraum D abgelassen wird. Diese Arbeit nimmt im ganzen höchstens ½ Stunde in Anspruch und kann von jedem Arbeiter besorgt werden.

Die Wirkung der Chemikalien, die Reinigung und die Abführung des gebildeten Schlammes ist genau so wie bei Type B, und ebenso kann hierbei wie dort eine Vorwärmung des zu reinigenden Wassers kombiniert werden, was in gewissen Fällen sicher von Nutzen sein wird. Das filtrierte Wasser ist in diesem Falle nicht nur kristallhell, sondern auch weich gemacht und kann da verwendet werden, wo hartes Wasser schädlich wirkt.

In 19 verschiedenen Nummern, von 0,5 cbm Leistungsfähigkeit pro Stunde, bis zu 50 cbm wird der Apparat, Type C, gebaut, und hat dabei eine Höhe von 2,5 bis 10 m.

Die vorstehende Beschreibung hat gezeigt, daß sich die Reisertschen Wasser-Reinigungs-Anlagen für alle möglichen Verhältnisse benutzen lassen, sehr wenig Platz einnehmen, in Holzstoff-, Zellulose- und Papierfabriken schon eingeführt sind, also die Erwähnung in diesem Buche wohl gerechtfertigt ist.

Manche Schleifereien haben ja das Angenehme, sich kleine Quellen dienstbar machen zu können, welche ihnen ihren Bedarf an kristallklarem Fabrikationswasser ohne weiteres liefern. Andre wieder können sich einen großen Brunnen anlegen, wenn die Verhältnisse des Grund und Bodens und des Grundwassers dies gestatten; hier vertritt dann das Erdreich, welches den gesenkten Brunnen umgibt, einfach die Stelle des Filters; es ist daher natürlich notwendig, vor Anlage eines Brunnens durch Bohrversuche genau feststellen zu lassen, ob der Grund und Boden dazu günstig und ob das Grundwasser dortselbst gut ist; manche Brunnen liefern zwar schönes klares Wasser, welches sich aber alsbald trübt und einen rotgelben, ja vielleicht gar schwarzbraunen Schlamm absetzt, der von gelösten Eisen- resp. Manganverbindungen herrührt; diese müssen dann selbstredend entfernt werden, da sie sonst sich auf den Holzstoff niederschlagen, und so ihn und die daraus hergestellten Papiere ganz unerwünscht färben würden.

Paß & Garleb G. m. b. H., Berlin W. 57.

Paß & Garleb G. m. b. H., Berlin W. 57.

FSC
www.fsc.org
MIX
Papier | Fördert gute Waldnutzung
FSC® C083411

Zeitfracht Medien GmbH
Ferdinand-Jühlke-Straße 7
99095 Erfurt, Deutschland
produktsicherheit@kolibri360.de